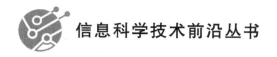信息科学技术前沿丛书

互联网域间路由安全
监测与防御

张沛　张晗　黄小红　马严　著

北京邮电大学出版社
www.buptpress.com

监测和防御关键技术进行了系统梳理。本书共分为 8 章:第 1 章介绍边界网关协议的基本概念,阐述了域间路由面临的安全风险和面临的挑战。第 2 章对域间路由安全监测进行了概述,包括边界网关协议基本概述、域间路由报文采集技术和全球相关采集工程、BGP 路由异常监测技术以及常用的知名系统。第 3 章介绍了域间路由知识谱系,包括互联网码号资源分配、互联网信息资源数据库、路由宣告数据、网站 IP 地址映射、AS 知识挖掘以及域间路由知识谱系构建。第 4～6 章介绍了域间路由异常监测的关键技术,包括域间路由前缀劫持监测、路由泄露监测、路由中断监测等。第 7 章介绍了域间路由安全防御技术,包括主动防御和被动防御技术以及自治域间地址验证。第 8 章为本书的结束语。

本书的部分研究成果来源于国家重点研发计划"大规模安全可信的编址路由关键技术和应用示范"项目课题"网间互联可信路由关键技术与设备研发",该课题主要研究网间互联可信路由关键技术,支持域间路由行为安全协作和攻击防范。

本书作者所在的北京邮电大学计算机学院(国家示范性软件学院)信息网络中心路由安全研究团队,长期从事网络空间测量、路由监测、互联网基础资源测绘工作,承担了若干面向网络空间安全的国家重点研发计划课题、国家自然科学基金重点基金等项目,在路由安全监测领域有深厚的技术积累。

特别感谢北京邮电大学计算机学院信息网络中心的马严教授、黄小红教授以及清华大学网络科学与网络空间研究院张晗助理教授。马严教授是下一代互联网领域研究的专家,长期从事互联网协议、IPv6 技术以及网络空间安全方面的研究,对本书关键技术和写作思路提出了建设性意见,也是作者本人的启蒙导师。黄小红教授是实验室团队负责人,在网络优化、网络空间安全等方面有深厚的科研积累,在科研方法、科研条件等方面给予了作者大力支持,在本书写作过程中也提出了宝贵的指导意见,拓展了作者写作的思路。张晗助理教授在安全可控的 IPv6 下一代互联网体系结构领域已开展十多年基础理论研究和核心技术攻关,研究成果在网络基础设施建设和运行中得到了应用,在本书撰写过程中从理论和工程层面提出了宝贵意见,也参与了书籍部分内容的撰写。

此外,在本书撰写过程中,得到了实验室研究生、团队老师们的大力支持。参与本书相关工作的研究生有张毓、徐鹏举、舒坤博、赵仕祺、曾曼、刘仰斌、白俊东、严欢、王子昊、李赫杨、阳乾宇、袁晟等人,作者在此表示诚挚的谢意。

作　者

目　　录

第1章　绪论 ……………………………………………………………… 1

1.1　边界网关协议 ……………………………………………………… 1

1.2　域间路由安全风险 ………………………………………………… 3

1.3　域间路由安全面临的挑战 ………………………………………… 6

第2章　互联网域间路由安全监测概述 ………………………………… 9

2.1　边界网关协议概述 ………………………………………………… 9

2.1.1　自治系统 ……………………………………………………… 9

2.1.2　BGP 协议概述 ………………………………………………… 11

2.1.3　BGP 消息类型 ………………………………………………… 12

2.1.4　BGP 路由信息库 ……………………………………………… 17

2.1.5　BGP 路由决策过程 …………………………………………… 18

2.2　BGP 路由报文采集 ………………………………………………… 21

2.2.1　被动路由报文采集 …………………………………………… 21

2.2.2　实时流报文采集 ……………………………………………… 27

2.2.3　BGP 监控协议 ………………………………………………… 29

2.3　BGP 路由报文采集工程 …………………………………………… 31

2.3.1　RIPE NCC 路由信息服务 …………………………………… 31

2.3.2　Route Views ………………………………………………… 33

2.3.3　BGPStream …………………………………………………… 34

2.4　BGP 路由异常监测技术 …………………………………………… 35

2.4.1　路由异常分类 ………………………………………………… 35

2.4.2　路由异常威胁 ………………………………………………… 38

2.4.3　路由异常检测方法 …………………………………………… 38

2.5　常用系统介绍 ……………………………………………………… 40

2.5.1　BGP.He.net …………………………………………………… 40

　　2.5.2　BGP.Potaroo.net ··· 41

　　2.5.3　BGPMon ·· 42

第3章　互联网域间路由知识谱系 ··· 44

　3.1　互联网号码资源分配 ··· 44

　　3.1.1　AS号码分配 ··· 45

　　3.1.2　IP地址分配 ··· 47

　3.2　互联网号码资源数据库 ··· 49

　　3.2.1　互联网号码注册信息库 ·· 51

　　3.2.2　互联网路由注册信息库 ·· 55

　　3.2.3　WHOIS信息查询协议 ·· 61

　　3.2.4　RDAP注册数据访问协议 ··· 62

　3.3　路由宣告数据 ·· 63

　　3.3.1　AS路由前缀映射 ··· 64

　　3.3.2　AS Peer关系 ·· 66

　　3.3.3　路由传播路径 ··· 68

　　3.3.4　路由前缀可见性 ··· 68

　　3.3.5　AS级别网络拓扑 ··· 70

　3.4　网站信息IP地址映射 ·· 71

　　3.4.1　网站行业主题分类 ·· 72

　　3.4.2　网站多源IP映射 ··· 73

　　3.4.3　权威解析IP地址映射 ·· 74

　3.5　AS知识挖掘 ··· 75

　　3.5.1　AS商业关系推断 ··· 75

　　3.5.2　AS组织机构映射 ··· 77

　　3.5.3　AS性质分类 ··· 78

　　3.5.4　AS等级排名 ··· 79

　　3.5.5　AS地理疆域 ··· 80

　3.6　互联网域间路由知识谱系构建 ··· 81

　　3.6.1　域间路由知识本体 ·· 81

　　3.6.2　域间路由知识图谱 ·· 82

第4章　互联网域间路由前缀劫持监测 ····································· 84

　4.1　路由劫持事件分类 ··· 84

4.1.1　根据路径位置分类 ·· 84

4.1.2　根据前缀粒度分类 ·· 85

4.1.3　根据事件影响分类 ·· 86

4.1.4　根据事件动机分类 ·· 86

4.2　典型路由劫持事件 ··· 87

4.2.1　YouTube 劫持事件 ·· 87

4.2.2　亚马逊 Route53 劫持事件 ·· 88

4.2.3　Rostelecom 劫持事件 ·· 89

4.3　现有检测方法 ··· 90

4.3.1　控制平面检测 ·· 90

4.3.2　数据平面检测 ·· 93

4.3.3　混合检测 ·· 94

4.4　基于知识过滤的路由劫持检测方法 ··································· 96

4.4.1　疑似事件检测 ·· 97

4.4.2　事件合规性过滤 ·· 98

4.4.3　事件定级评估 ·· 100

第 5 章　互联网域间路由泄露监测 ··· 101

5.1　路由泄露事件分类 ··· 101

5.1.1　"发夹弯"型泄露 ·· 101

5.1.2　对等体横向泄露 ·· 102

5.1.3　下坡对等体泄露 ·· 103

5.1.4　上坡对等体泄露 ·· 103

5.1.5　路由前缀聚合重新宣告 ·· 104

5.1.6　内部路由泄露 ·· 104

5.2　典型事件分析 ··· 104

5.2.1　Google 路由泄露事件 ·· 104

5.2.2　Mainone 路由泄露事件 ··· 105

5.3　现有检测方法 ··· 105

5.3.1　基于"无谷"准则 ·· 105

5.3.2　基于机器学习方法 ·· 106

5.4　实时路由泄露检测算法 ··· 106

5.4.1　AS 商业关系推断算法 ·· 107

5.4.2　路由泄露精确匹配算法 ·· 108

　　5.4.3　路由泄露快速定位算法 ·························· 111

　　5.4.4　风险评估算法 ······························· 113

第6章　互联网域间路由中断监测 ···················· 116

　6.1　域间路由中断事件分类 ······················· 116

　　6.1.1　根据路由中断位置分类 ····················· 116

　　6.1.2　根据路由中断原因分类 ····················· 117

　　6.1.3　根据路由中断粒度 ························· 117

　6.2　典型域间路由中断事件 ······················· 118

　　6.2.1　Facebook 路由中断事件 ···················· 118

　　6.2.2　KT 路由中断事件 ························· 119

　6.3　现有检测方法 ····························· 121

　　6.3.1　路由不稳定检测 ·························· 121

　　6.3.2　路由中断检测 ··························· 123

　6.4　基于网络拓扑与服务分析的 BGP 中断检测 ············ 125

　　6.4.1　路由可见性特征构建 ······················ 126

　　6.4.2　关联自治系统 BGP 中断事件检测 ·············· 127

　　6.4.3　重要自治系统 BGP 中断事件检测 ·············· 129

　　6.4.4　重要 IP 前缀 BGP 中断事件检测 ·············· 130

第7章　互联网域间路由安全防御 ···················· 132

　7.1　主动防御技术 ····························· 132

　　7.1.1　路由劫持主动防御 ························ 132

　　7.1.2　路由泄露主动防御 ························ 138

　　7.1.3　自治域信誉评估 ·························· 139

　7.2　被动防御技术 ····························· 140

　　7.2.1　域间路由劫持缓释 ························ 140

　　7.2.2　域间路由防御联盟 ························ 142

　7.3　自治域间源地址验证 ························· 144

　　7.3.1　路由分级过滤 ··························· 144

　　7.3.2　追溯审计技术 ··························· 145

　　7.3.3　真实源地址验证体系 ······················ 146

第8章　结束语 ·································· 148

参考文献 ····································· 150

第1章
绪　　论

1.1　边界网关协议

　　互联网由成千上万个独立而又自治的系统构成,每个自治系统(Autonomous System,AS)是代表单个管理实体或域的一个或多个组织机构控制下连接互联网的路由前缀集合,该管理实体或域提供一个共同的、明确定义的路由策略[1]。通常情况下,每个 AS 由单个大型组织机构,比如互联网服务提供商(Internet Service Provider,ISP)、内容分发网络(Content Delivery Network,CDN)、大型企业技术公司、大学或政府机构运营,每个组织机构下可以管理和运营多个 AS。自治系统犹如人体的细胞,是构成互联网的基础单元,是网络空间信息资源的容器。

　　边界网关协议(Border Gateway Protocol,BGP)是互联网的标准域间路由协议[2],BGP 的主要功能是通过在边缘路由器之间交换路由信息和可达性信息来引导数据报文在互联网中流动。在 BGP 通告目的网络的可达性信息时,通告中包括了自治系统传播路径,即去往该目的网络时需要经过的 AS 的列表,使其他网络能够了解去往目的网络的通路信息。每个 AS 可以宣告一个或者多个 IP 路由前缀。BGP 被归类为路径向量路由协议,它根据路径、网络策略或网络管理员配置的规则集做出路由决策,决定互联网流量的走向。

　　BGP 并不是互联网域间路由协议的首次尝试,在互联网的早期,只有少数网络需要相互连接,它们之间的路由是静态和简单的。随着互联网规模的迅速扩大,这种静态配置变得不切实际。1982 年,网关到网关协议(Gateway-to-Gateway Protocol,GGP)被开发出来,作为互联网标准化组织(Internet Engineering Task Force,IETF)征求意见稿(Request for Comment,RFC)823 的一部分[3]。GGP 是基于跳数的路由协议,专注使用最少的跳数将互联网流量传输到目的地。同年,来自 BBN Technologies 的 Eric C. Rosen 在 RFC827[4] 定义了外部网关协议（Exterior Gateway Protocol，EGP）并最终于 1984 年在 RFC904 下获得批准[5]。EGP 比 GGP 成熟得多，但仍然是一个简单的距离矢量协议。EGP 的一个限制是它只允许树状网络拓扑，这意味着网络的任意两个部分之间只能有一条路径。EGP 引入了"自治系统"的概念，每个参与 EGP 路由的独立网络都有自己的自治系统编号。1988 年，路由信息协议（Routing Information Protocol，RIP）被开发出来并在 RFC1058 中定义[6]，这是现代环境中最古老的距离矢量路由协议，这开始为 BGP 奠定基础。随着 20 世纪 80 年代即将结束，改进网络路由协议的需求正在增加。

1989 年，BGP 协议由工程师在"三张沾满番茄酱的餐巾纸"背面草拟而成，至今仍被称为三张餐巾纸协议，并在 RFC1105 中被定义[7]。在初始标准发布后，BGP 的工作持续了很多年，1994 年开始在互联网上使用，IPv6 BGP 于 1994 年在 RFC 1654 中首次定义[10]，1998 年改进为 RFC2283[13]。更改 BGP 等协议的版本并非易事，协议的任何修改都需要许多不同组织的协调，包括学术界、工业界以及运维网络的管理人员。BGP 的当前版本是版本 4，于 2006 年作为 RFC 4271 发布[2]。RFC4271 更正了错误，澄清了歧义，并根据通用行业惯例更新了规范，主要增强是支持无类域间路由（CIDR）和使用路由聚合来减小路由表的大小。新的 RFC 允许 BGP4 承载范围广泛的 IPv4 和 IPv6 "地址族"。它也称为多协议扩展，即多协议 BGP（MP-BGP）。表 1.1 所示为 BGP 协议发展史。

表 1.1 BGP 协议发展史

时间	主要版本	主要变化	RFC 标准
1989 年	BGP-1	BGP 协议的初始定义	RFC1105[7]
1990 年	BGP-2	细化了几种消息类型的含义和使用。添加了路径属性的重要概念，用于传达有关路由的信息	RFC1163[8]
1991 年	BGP-3	优化和简化了路由信息交换，为用于建立 BGP 通信的消息添加了识别功能	RFC1267[9]
1994 年	BGP-4	BGP-4 的初始标准，在 RFC 1771 中修订	RFC1654[10]
1995 年	BGP-4	BGP-4 的正式标准	RFC1771[11]
1996 年	BGP-4	描述了社区属性的消息格式和编码规则。定义了在 BGP 协议中如何携带社区属性，并指定了在路由器之间交换社区属性时的行为和处理规则	RFC1997[12]

时间	主要版本	主要变化	RFC 标准
1998 年	BGP-4	多播、IPv6、IPv6 多播、VPN 协议支持等 TCP MD5 选项 Flap damping	RFC2283[13] RFC2385[14] RFC2439[15]
2000 年	BGP-4	引入路由刷新功能,允许 BGP 路由器发送 route-refresh 报文以请求邻居路由器立即发送其完整的路由表	RFC2918[16]
2006 年	BGP-4	BGP-4 的当前标准	RFC4271[2]

1.2　域间路由安全风险

　　没有边界网关协议,就没有现代互联网。BGP 在过去 30 年中发展成为连接世界的关键协议。全球互联网自 20 世纪 90 年代进入飞速发展时期,网络传输速率、网络规模和应用领域都经历了大幅的增长,互联网已经渗透到经济与社会活动的各个领域,人们的生活越来越离不开互联网。随着互联网技术的快速发展,如软件定义网络(Software Defined Network,SDN)、软件定义广域网(Software-Defined WAN,SD-WAN)等技术的引进,互联网网络架构和域间流量的流转方式发生了变化。传统的全球互联网架构遵循严格的分层特点,从底层接入网、城域网、骨干网,再到全球顶级的传输服务商,越往上层全球互联互通的话语权越大。随着云计算、短视频等互联网业务快速发展,传统的分层架构造成跨域流量额外流转,网络延时和成本显著增加,为此底层级的网络服务商开始需求对等互联,大型的云服务商、内容服务商自建网络也通过交换中心与用户网络直连,严格分层体系被打破,域间互联架构逐渐扁平化,互联网架构呈现云网融合趋势[17]。多云时代互联互通主体向云端延伸,需求趋旺促进云间互联快速崛起,各层网络也都体现出扁平化、虚拟化、智能化的特点[18]。目前扁平化的互联网逻辑拓扑如图 1.1 所示。

　　虽然互联网层次架构发生了变化,但是 BGP 作为当前域间路由协议的事实标准,依然控制着域间流量转发路径,是互联网的中枢神经系统,对整个互联网的稳定性和可靠性起着至关重要的作用。然而由于 BGP 在设计初期并未过多考虑安全问题,而且有相当一部分安全问题至今仍然没有较好的解决方案,已有研究表明,BGP 协议在安全上存在着明显的风险[19-22]。

　　首先,BGP 协议缺少对路由前缀来源和路由传播路径的验证。攻击者通过误配置或恶意宣告伪造路由前缀的来源信息和路径信息,使得其他 AS 选择到达受

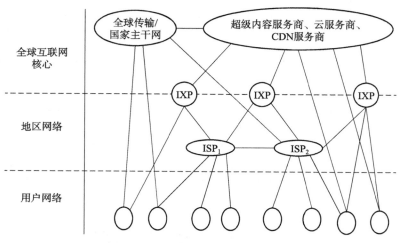

图 1.1　扁平化的互联网逻辑拓扑

害前缀的虚假路由,从而劫持互联网上到达该前缀的流量,更进一步地,攻击者可以将劫持的 IP 前缀改成比受害者 AS 宣告的更明细(即 IP 子前缀劫持),最终其他 AS 将根据 BGP 最长匹配原则,优先选择攻击者宣告的虚假路由。这些被劫持的流量可能最终被攻击者丢弃,形成路由黑洞,造成网络服务不可达。攻击者也可能伪装被劫持前缀承载的应用服务,回应劫持到的流量,实施钓鱼攻击。攻击者还可能在对流量进行过滤分析后,沿着合规的路径将流量转发到正常的目的地,实施流量窃听。2008 年 2 月 24 日,AS17557 宣告了一个未经授权的前缀 208.65.153.0/24 的公告,该 IP 前缀承载了 YouTube 视频服务(比 YouTube 全球宣告的 208.65.153.0/22 粒度更细),而 AS17557 的上游运营商 PCCW AS3491 将该路由通告到了全球,导致 YouTube 有至少 2/3 的互联网流量被重定向到 AS17557,致使其全球用户访问中断了 2 小时[23]。在 2018 年 4 月,eNET(AS10297)在未经授权的情况下宣告了亚马逊(AS16509)的 205.251.192.0/23、205.251.194.0/23、205.251.196.0/23、205.251.198.0/23 路由前缀,这些 IP 用于 Route53 Amazon DNS 服务器,导致亚马逊的 Route 53 DNS 流量大量重新路由到 Equinix Chicago IBX 中托管的恶意 DNS 服务器,最终导致依托该权威解析服务器的加密钱包应用程序 MyEtherWallet 流量被重定向到由黑客控制的假冒网站,造成重大经济损失[24]。

其次,BGP 路由传播路径隐含了 AS 间的商业关系,全局路由策略的缺失导致某个 AS 路由宣告超出了其预定范围,进而造成路由流量回传时出现拥塞或者网络中断,这种路由安全事件也称为路由泄露[25]。BGP 是一种基于策略的路由协议,一个自治系统向另一个自治系统发布的学习到的 BGP 路由,违反了接收方、发送方或者前面 AS 路径上的某个自治系统的预期策略,预期的范围通常由一组分布在所涉及的 AS 对等体之间的本地再分发/过滤策略定义。错误的宣告可能导致泄露方 AS 充当免费转发流量的角色,当自身网络条件不能满足流量转发要求时,将会引发网络中断。路由泄露并不涉及虚假的 IP 前缀路由宣告,肇事者向其他 AS 泄露出去的路由是"合法"存在的,只是它违反了 AS 之间的路由策略,结果导致泄露出去的路由涉及 IP 的流量被重定向。2017 年 8 月,Google 向对等体 Verizon 宣告了到达 NTT 的路由前缀可达信息,然后 Verizon 把这些前缀又宣告给了下游的一些 ISP,导致流向这些前缀的流量经过 Google 网络。由于 Google 网络主要提供云服务,并不提供过境传输服务,而 NTT 是日本的一家主要 ISP,为 767 万家庭用户和 48 万家公司提供服务,这些前缀包含了网上银行门户、火车票预订系统、重要社交网站等,流量过大导致 Google 网络出现严重拥塞而被丢弃,进而造成整个国家互联网出现中断[26]。

最后,BGP 中缺少对路由撤销进行验证的机制。一些路由前缀上层承载了大量的应用服务,这些服务可能是重要基础设施服务,如 DNS 递归解析和权威解析服务等,也可能是承载大量用户访问的服务,如网上支付、社交网络等。BGP 协议是人工大量参与的路由协议,路由前缀知识的缺乏造成路由管理员对路由撤销操作不敏感,此外一些自动化的路由配置操作也加剧了回撤的风险。一些自然灾害、设备过载死机等突发意外情况会导致 BGP 会话连接断开,大量的路由回撤报文和更新报文短时间内在世界范围内传播和更新,造成路由不稳定和路由前缀不可达,严重影响上层应用服务性能。2021 年 10 月,Facebook 发生严重的路由中断事件,即更新 BGP 路由器导致 DNS 权威服务器所属前缀回撤引起的"蝴蝶效应"导致长达 7 个小时之久的史诗级路由中断事故。此次事故导致 Facebook 旗下多个平台和服务,包括 Facebook、Instagram、Messenger 和 WhatsApp 等,相继出现严重的服务中断,用户无法登入程序,程序无法联机和更新,无法收发信息,Facebook 账号登入的程序和服务亦受到牵连,不能正常登入,经济损失无法估量[27]。在不到半个月内,KT 公司的有线及无线等网络服务突然中断,造成大面积网络服务中断,包括证券交易系统、饭店结算系统以及居民家中的网络、手机信号等服务均受到影响。事后,KT 经过调查是由于工作人员在釜山进行维护期间在路由器设备上输错了一个命令,导致 KT AS 4766 发生大规模路由回撤,进而导致依赖它的其他 AS 发生大量路由回撤。这是一个月内 Facebook 发生重大路由中断事故后,BGP 错误配置引起的又一起重大网络中断事件,这次事件的危害上升到了国家层面[28]。

此外,BGP 的底层协议使用普通的 TCP 协议,一切对 TCP 的安全攻击都可以对 BGP 实施。例如,攻击者可以对 BGP 监听的 TCP 179 端口实施 DoS 攻击,强行断开 BGP 会话。此外,比如在 Nimda、Code Red II 和 Slammer 等蠕虫病毒肆虐期间造成的 BGP 路由系统的不稳定性波动,这是由于普通数据流量和路由数据流量共享带宽,蠕虫的传播消耗了大量带宽,造成 BGP TCP 会话的不稳定,而 BGP 会话不稳定会造成会话断开导致路由路径重新选择,严重影响上层应用服务性能。

域间路由劫持能导致互联网内容提供商等不能正常提供网络访问服务,也能导致 ISP 等的网络用户不能正常访问互联网。若劫持云基础设施,则其上运行的所有服务将无法被访问。可以想象,在企业网向云端迁移的今天,重要的云服务提供商被劫持是巨大的安全隐患。路径变化也会危机国家网络安全。这些事件造成流量绕向意料之外的国家。如果流量中包含大量的敏感信息,泄露了网络运营者的竞争策略、商业秘密甚至国家机密等,攻击者可从中实现大规模窃听、身份欺骗甚至选择性内容修改。

1.3 域间路由安全面临的挑战

随着互联网的商业化和爆炸式发展,截至 2022 年年底,互联网已分配自治域号码数量超过 10 万个,且在路由表可见自治系统已经达 8 万多个,可路由 IP 路由前缀数量接近 100 万条。每个 AS 独立管理着互联网基础架构的一部分区域,并使用域间路由协议和邻居 AS 交换路由信息。端到端主机进行流量传输时,可能跨越多个自治系统,而自治系统在分配关系上,又归属不同的组织机构,向上又归属不同的国家,域间路由安全问题可能发生在不同管理域、不同的管理层次中,因此是一个协同管理问题。域间流量跨域传输如图 1.2 所示。

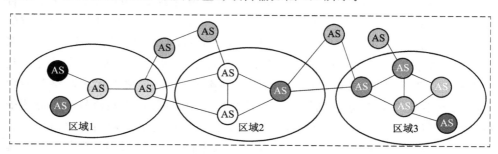

图 1.2 域间流量跨域传输

域间路由因缺乏地址资源的位置和身份的可信验证,面临路由寻址与源地址伪造两大重要的网络安全隐患。解决这一问题首先要实现地址资源的位置和身份的可信验证,其次是在攻击发生前如何有效预防以及在攻击不可避免的情况下如何快速缓解攻击造成的影响。为了提高域间路由的安全性,学术界和工业界提出了很多解决方案,主要包括通过扩展和强化 BGP 协议对域间路由安全问题进行主动防御的方案以及通过互联网路由安全的监测进行缓释的被动方案。主动防御方案通常基于路由过滤,比如基于公钥基础设施(Public Key Infrastructure,PKI)对BGP 路由更新消息进行签名和鉴定[29],从而对不合规的路由更新报文进行主动过滤,防止路由安全事件发生和扩散。这类方案中的一部分内容已经形成了 RFC标准[30]。S-BGP(Secure BGP)作为这类方案中的代表,通过对地址前缀和 AS 路径进行签名和验证,防止了利用伪造前缀或伪造 AS 路径实施的路由劫持[31]。基于路由安全监测的被动防御方案基于控制平面和数据平面数据监测 BGP 异常事件,包括前缀归属不合规、路径传播不合规以及路由前缀回撤不合规等,并评估事件的影响和确定事件的责任方。针对每一种路由安全异常事件,提供不同的缓释方案,如流量牵引、重新发布细粒度路由,及时通知路由事件的涉事方进行快速应急处理。

　　然而,域间路由协议是一种典型的分布式协议,自治系统独立而又自治,完全防御所有的域间安全漏洞在多层次的互联网范围内并不现实,面临的主要挑战包括以下几点。

　　(1)主动防御中的 PKI 非对称密钥的签名和验证运算需要额外的算力支持,对于资源受限的骨干路由器来说增加了额外的计算开销,部署难度较大。此外,层次化的 PKI 认证技术与互联网码号资源(IP、AS)管理体系融合,从技术手段上赋予了资源分配者单边撤销资源的权力,同时在运维管理方面也存在数据同步一致性问题和管理失误问题。上级认证权威(CA)对下级 CA 产生了绝对的控制力和影响力,当上级 CA 出现配置错误、遭受网络攻击或者政治力量胁迫时,可能导致该 CA 以及下级 CA 维护的数据资源对象出现异常,无法真实、准确反映互联网码号资源归属关系和授权关系,这些错误数据映射关系进一步映射到域间路由系统中,无法准确过滤不合规路由,严重的甚至造成路由中断事件或者"路由黑洞"[32]。

　　(2)BGP 路由作为网间互联互通的基本协议,本质上不是一个完全自动化的协议,需要大量人工参与操作进行路由决策,而路由策略一定程度上反映了自身的商业策略,对等体之间存在信息沟通的障碍也容易发生严重的错误配置。比如Google 路由泄露事件,主要原因也是路由管理员对接收的路由宣告不敏感。此外,由于流量传输过程中可能跨越多个自治系统,每个自治系统封闭而又自治,而自治系统在分配关系上,又归属不同的组织机构,向上又归属不同的国家,域间路由安全问题可能发生在不同自治域,不同的管理层面上,本质是一个协同处置的问题,而当涉及地缘政治问题时,协同处理难度更加艰难,目前全球范围内缺少协同处理的机制。

　　(3)路由安全监测被动防御存在监测视角、安全定性评估以及快速处置的问题。首先,由于全球由数万个自治网络构成,路由安全事件又区分为局部事件和全球事件,对路由安全进行监测,需要广泛的路由监测节点,以扩大路由监测视角,感知全网的路由路径变化信息,目前已知的路由监测节点还不足上千个,难以覆盖全球互联网络。其次,路由安全监测存在较高的误报率和漏报率,传统的路由安全监测系统只输出了路由异常事件对应的前缀,而对路由前缀是否重要、是否包含重要服务缺少感知,难以对路由事件规模、严重程度进行评估,一些重要且敏感的路由安全事件可能存在被降级甚至是忽略的问题。最后,路由安全事件处置时间是第一要务,如何快速通知涉事前缀的技术管理人是更加迫切的事情,目前还缺少路由前缀管理人和自治域系统管理人的台账机制,如何提供路由事件的应急处置时间的问题面临着巨大挑战。

针对上述路由安全面临的挑战,亟待新的解决思路和方法出现。IETF 专门设立了针对域间路由安全的工作组(Secure Inter-Domain Routing,SIDR)[33],一直在致力于安全域间路由协议的设计。北美网络管理组织(North American Network Operators' Group,NANOG)等互联网网管组织一直在密切关注域间路由中的前缀劫持事件。路由安全相互协议规范(Mutually Agreed Norms for Routing Security,MANRS)是由国际互联网协会 ISOC 支持的一项加强国际互联互通路由安全的全球倡议项目[34],旨在通过运营商、交换中心、CDN、云服务商、设备商和政策决策者等各方合作,解决各国各运营商之间的互联网路由劫持、路由泄露和地址仿冒等问题,提升全球互联网空间的安全性。互联网也出现一些公开开放的路由采集平台和监测系统,如 Route Views、BGPMON、RIPENCC RIS、BGPStream 等,实时向外界发布路由安全数据和监测报告。

第 2 章
互联网域间路由安全监测概述

2.1　边界网关协议概述

2.1.1　自治系统

自治系统的概念最早在 1982 年的外部网关协议 RFC827 中定义[4]，早于 BGP 协议的提出。该定义指出互联网络最终由很多平等的自治系统组成，平等意味着每个自治系统不管路由前缀多少、路由设备多少，在网络管理方面承担的责任和基本功能是一样的。外部网关协议的目的是使一个或多个自治系统能够用作传输媒介，用于源自其他自治系统的流量，通过中间自治系统传输到另一个自治系统，同时允许最终用户将所有自治系统的组合视为统一地址空间的单一网络，数据报通过互联网的路由，以及它所穿越的自治系统的数量，对最终用户是透明的。最初自治系统分配 16 位标识数字，称为自治系统号码（Autonomous System Number，ASN）。每个 EGP 消息头都包含一个字段以表示这一数字。零不会分配给任何自治系统，使用零作为自治系统编号是保留以供将来使用。1996 年，RFC1930[1] 给出了自治系统创建、选择和注册指南，并完善了自治系统定义，即在互联网中，自治系统是在代表单个管理实体或域的一个或多个网络运营商的控制下连接互联网协议的路由前缀集合，该管理实体或域提供一个共同的、明确定义的路由策略。通常情况下，每个 AS 由单个大型组织机构（如：互联网服务提供商、云服务商、大型企业技术公司、大学或政府机构）运营，每个组织机构下可以管理和运营多个 AS。图 2.1 所示为自治系统的示意图。

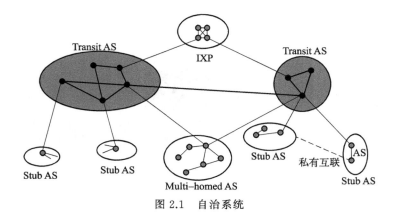

图 2.1 自治系统

根据连接属性和在网络流量传输中承担的角色,可以将自治系统分为四类,具体取决于它们的连接性和操作策略[35]。

多宿主 AS(Multi-homed AS):一个 AS 与多个其他 AS 保持连接。这允许 AS 在其中一个连接完全失效的情况下保持与互联网的连接。但是,与传输 AS 不同的是,这种类型的 AS 不允许来自上游 AS 的流量通过其转发给另外一个上游 AS。

末端 AS(Stub AS):仅连接到另一个 AS 的 AS。如果网络的路由策略与其上游 AS 相同,这可能是 AS 编号的明显浪费。然而,末端 AS 可能与其他自治系统有对等关系,但未反映在公开的网络拓扑中。具体例子包括金融和运输部门的私有连接。

传输 AS(Transit AS):充当两个 AS 之间传输流量的 AS 称为传输型 AS。由于并非所有 AS 都直接与每个其他 AS 相连,因此传输 AS 在一个 AS 与它有链接的另一个 AS 之间承载数据流量。

互联网交换点(Internet Exchange Point,IXP):互联网服务商或内容分发网络通过其在其网络之间交换互联网流量的物理基础设施。这些通常是本地 ISP 组,它们通过分摊本地网络集线器的成本来联合起来交换数据,从而避免 Transit AS 的更高成本。IXP ASN 通常是透明的。通过出现在 IXP 中,AS 缩短了到其他参与 AS 的传输路径,从而减少了网络延迟并改善了往返延迟。

从自治系统流量过境以及商业合约角度,又可以确定为不同的商业关系,主要包括:

(1)客户到提供商关系(Customer to Provider,C2P)

客户到提供商关系指的是从客户的角度出发,客户向运营商付费,提供商为客户提供网络服务,将其流量传递到全球其他网络。

（2）提供商到客户关系（Provider to Customer，P2C）

运营商到客户关系和 C2P 原理相同，只是从运营商的角度出发。

（3）对等体到对等体关系（Peer to Peer，P2P）

在对等关系中，两个 AS 同意自由进行双边流量交换，但只在他们自己的网络和客户的网络之间交换。

此外，一些 AS 之间由于不同业务的交互，还可能存在更复杂的商业关系，比如两个 AS 之间既存在 P2C 关系，又存在 P2P 关系，还有一些 AS 为了和远端 AS 连接，选择一个中间 AS 作为传送或转接 AS，这个中间的 AS 对于两边的 AS 都是透明的。

2.1.2　BGP 协议概述

BGP 协议是一种路径向量协议，它根据路径、网络策略或网络管理员配置的规则集做出路由决策，主要用于自治系统之间交换路由信息。如果把自治系统比作人体的细胞，BGP 协议类似人的神经中枢，决定互联网流量的走向，是事实上的全球互联网标准域间路由协议，是互联网重要的基础设施。

BGP 的邻接关系，称为通信对端或者对等体，BGP 对等体之间可以交换路由表。运行 BGP 路由协议的路由器称为 BGP 发言者，对等体的连接通过人工配置实现，它们之间通过 TCP 端口 179 创建会话交换路由数据。BGP 会话有两种类型：内部 BGP（Interior Border Gateway Protocol，IBGP）、外部 BGP（Exterior Border Gateway Protocol，EBGP）。当两台 BGP 路由器属于同一个自治系统时，就会形成 IBGP 会话。除非路由器是路由反射器，否则从 IBGP 对等体接收到的路由不会发布到其他 IBGP 对等体。组成 IBGP 会话的两台路由器通常不直接连接。图 2.2 所示为两个自治系统使用 BGP 交换路由的示例。路由器 A、B 和 C 形成 IBGP 会话。当两台 BGP 路由器属于不同的自治系统时，就会形成 EBGP 会话。从 EBGP 对等体接收到的路由可以发布到任何其他对等体。组成 EBGP 会话的两台路由器通常是直连的，但也可以是多跳的 EBGP 会话。当一条路由被发布到一个 EBGP 对等体时，发布路由器的自治系统号被添加到 AS 路径属性中。图中路由器 C 与 D 形成 EBGP 会话。BGP 也可以运行于 VPN 之上，如在 VPN 隧道内运行 EBGP 对等互连，允许两个远程站点以安全和隔离的方式交换路由信息。BGP 采用的路由算法为路径向量算法，相邻节点之间交换自己到所有可达节点的路径信息，各节点根据获取到的路径信息形成自己到达所有目的节点的最优路由，最基础的路由选择策略是选择一条路由跳数最少的无环路经。

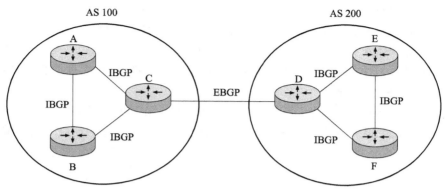

图 2.2 BGP 邻接关系

2.1.3 BGP 消息类型

BGP 协议的运行依赖于对等体之间的 BGP 消息交换。BGP 主要消息类型：Open 消息、Update 消息、Keepalive 消息、Notification 消息和 Route refresh 消息。BGP 消息的最小长度为 19 字节，最大长度为 4 096 字节。BGP 消息以字节流的形式出现在底层 TCP 传输层，因此 BGP 消息和 TCP 段之间没有直接的关联。一个 TCP 段可以包含一条或多条 BGP 消息的部分内容。BGP 消息类型与用途如表 2.1 所示。

表 2.1 BGP 消息类型与用途

BGP 消息类型	用途
OPEN	建立对等体关系
KEEPALIVE	周期性刷新定时器，保持对等体关系
UPDATE	对等体之间交换 IP 前缀可达性更新信息
NOTIFICATION	向对等体通告错误信息，中断 BGP 连接
ROUTE-REFRESH	传递路由刷新信息，让对等体重新发送指定路由信息

每个消息都有一个固定大小的报头。根据消息类型的不同，消息头之后可能有也可能没有数据部分。BGP 消息头的格式如图 2.3 所示。

BGP 消息头的 Marker 字段的长度为 16 字节，设置此字段是为了兼容性，并且此字段的所有位必须被设置为 1。Length 字段的长度为 2 字节，这个 2 字节无符号整数表示消息的总长度，包括以字节为单位的报头。因此，它允许在 TCP 流中定位下一条消息（标记字段）。长度字段的值必须始终大于等于 19 且不大于

4 096,并且可以根据消息类型做进一步的约束。不允许在消息后"填充"额外数据。因此,对于消息的其余部分,Length 字段必须具有所需的最小值。Type 字段的长度为 1 字节,表示一个无符号整数,若此字段为 1,则表示 OPEN 消息,为 2 则表示 UPDATE 消息,为 3 则表示 NOTIFICATION 消息,为 4 则表示 KEEPALIVE 消息,为 5 则表示 ROUTE-REFRESH 消息。

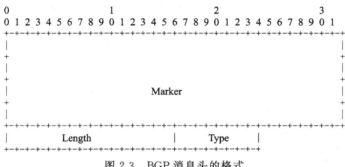

图 2.3　BGP 消息头的格式

（1）OPEN 消息

建立 TCP 连接后,BGP 路由器之间发送的第一条消息为 OPEN 消息。对等体在接收到 OPEN 消息后,将发送 KEEPALIVE 消息来确认并保持连接有效性。确认后,对等体之间可以进行 UPDATE、NOTIFICATION、KEEPALIVE 和 ROUTE-REFRESH 消息的交换,OPEN 消息的格式如图 2.4 所示。

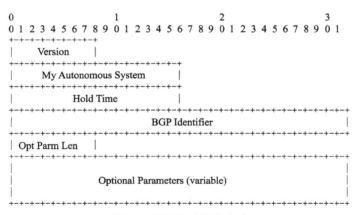

图 2.4　OPEN 消息的格式

除了固定大小的 BGP 报头外,OPEN 消息还包含以下字段。

- 版本（Version）:当前 BGP 版本号为 4。
- 自治系统号（My Autonomous System）:发送路由器的 2 字节自治系统。

如果发送路由器的 ASN 大于 65 535,则该字段的特殊值为 23 456(AS_TRANS)。

- 保存时间(Hold Time):建议的 BGP 在关闭连接之前等待对等体发来的连续消息(KEEPALIVE 或 UPDATE)之间的最大时间。实际保持时间为配置的会话保持时间和对等体 Open 消息中的保持时间的最小值。如果此最小值低于配置的阈值(最小保持时间),则拒绝连接尝试。
- 边界网关协议标识符(BGP Identifier):BGP speaker 的 router ID。在 OPEN 消息中,BGP 标识符来自 BGP 下配置的 router-id,如果也没有配置,则使用系统接口 IPv4 地址。
- 可选参数(Optional Patameters):可选参数的列表,每个参数都编码为 TLV。唯一已定义的可选参数是可选参数。当 BGP 路由器收到不支持的可选参数类型的 OPEN 消息时,将终止会话。

(2) UPDATE 消息

UPDATE 消息用于 BGP 对等体之间传递路由信息,其格式如图 2.5 所示。一条 UPDATE 消息可以同时通告一条可行的路由,也可以撤销多条不可行的路由。UPDATE 消息总是包含固定大小的 BGP 报头,也包括其他字段,如图 2.5 所示。注意:一些字段可能不会出现在每条 UPDATE 消息中。

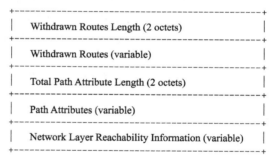

图 2.5 UPDATE 消息的格式

UPDATE 消息包含以下信息。

- 回撤路由长度(Withdrawn Routes Length):字段的长度为 2 字节,这个 2 字节的无符号整数表示 Withdrawn Routes 字段的总长度(以字节为单位)。若此字段的值为 0,则表示没有路由被从服务中撤回,并且在此 UPDATE 消息中不存在 Withdrawn Routes 字段。
- 回撤的路由(Withdrawn Routes):是一个可变长度的字段,包含从服务中撤回的路由的 IP 地址前缀列表。
- 全部路径属性长度(Total Path Attribute Length):长度为 2 字节,这个 2

个字节的无符号整数表示 Path Attributes 字段的总长度(以字节为单位)。若此字段的值为 0 则表示此 UPDATE 消息中既没有 Network Layer Reachability Information 字段,也没有 Path Attributes 字段。

- 路径属性(Path Attributes):与 NLRI 相关的所有路径属性列表,每个路径属于一个 TLV 三元组构成。
- 网络层可达信息(Network Layer Reachability Information,NLRI):可达路由的前缀和前缀长度二元组。

一条 Update 消息可以同时发布多条路由,这些路由共享一组路由属性。在一条 Update 消息中,所有的路由属性都适用于该 Update 消息中的 NLRI 字段中的所有前缀。BGP 路由属性描述了路由的各项特征,同时,BGP 路由器会根据路由的路由属性并结合其路由策略选择最佳路由。RFC 4271 将 BGP 路由属性分为了两大类:公认(Well-known)的属性和可选(Optional)的属性。其中,公认的属性要求所有的 BGP 路由器都能够识别,而可选的属性则不要求所有的 BGP 路由器都可识别。公认属性可以分为两类:强制属性(Mandatory)和任意属性(Discretionary)。其中,强制属性是 BGP 路由器在发送 Update 消息时必须携带的路由属性,而任意属性不要求 Update 消息必须携带。可选属性也可分为两类:过渡(Transitive)属性和非过渡(Non-transitive)属性。其中,对于过渡属性,如果 BGP 路由器无法识别该路由属性,那么也应该接受携带该路由属性的 BGP Update 消息,并且,当路由器将该路由通告给其他对等体时必须要携带该路由属性,而对于非过渡属性,如果 BGP 路由器无法识别该路由属性,那么该路由器会忽略携带该路由属性的 BGP Update 消息。常见的 BGP 属性如表 2.2 所示。

表 2.2 常见 BGP 属性

属性名称	属性介绍	属性类型
Origin	定义路由信息的来源,最初发出路由信息的 BGP 路由器生成,其值不应被其他 BGP 路由器改变	公认强制属性
AS_Path	描述一条 BGP 路由在传递过程中所经过的 AS 的编号。一台路由器在将 BGP 路由通告给自己的 EBGP 对等体时,会将本地的 AS 号插入到该路由原有 AS_Path 之前	公认强制属性
Next_Hop	描述了到达目的网段的下一跳地址	公认强制属性
Local_Pref	此属性应该包含在 BGP 路由器发送给其他内部对等体的所有 Update 消息中,代表路由的优先级。BGP 路由器必须优先选择优先级较高的路由。除了一些特殊情况,BGP 路由器发送给外部对等体的 Update 消息中绝对不能包含此属性	公认任意属性

属性名称	属性介绍	属性类型
MED	用于判断流量进入 AS 时的最佳路由。当一个运行 BGP 的设备通过不同的 EBGP 对等体得到目的地址相同但下一跳不同的多条路由时，在其他条件相同的情况下，将优先选择 MED 值较小者作为最佳路由	可选非过渡属性
Community	可以针对特定的路由设置特定的 Community 属性值，而下游路由器在执行路由策略时，可以通过 Community 属性值来匹配目标路由	可选过渡属性

（3）NOTIFICATION 消息

当 BGP 检测到错误状态时，就向对等体发出 NOTIFICATION 消息，之后 BGP 连接立即中断，NOTIFICATION 消息的格式如图 2.6 所示。

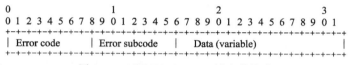

图 2.6　NOTIFICATION 消息的格式

- 错误码（Error Code）：1 字节的无符号整数，用于指定错误类型。
- 错误字码（Error Subcode）：描述错误的详细信息，每个 Error Code 可能有一个或多个与之关联的 Error Subcode。如果没有定义适当的 Error Subcode，则 Error Subcode 字段使用零值。
- 报文数据（Data）：长度可变，用于判断错误的原因，字段的内容取决于 Error Code 和 Error Subcode。

（4）KEEPALIVE 消息

KEEPALIVE 消息仅由消息头组成，长度为 19 字节。BGP 会话建立后，为了确保对端路由器存在且可达，每台路由器都会周期性地向对端发送 KEEPALIVE 消息。如果在协商的保持时间内没有收到 KEEPALIVE 或 Update 消息，则会话终止。两条 KEEPALIVE 消息之间的合理时间间隔为协商保持时间的 1/3。如果协商的保持时间间隔为零，则不能发送周期性 KEEPALIVE 消息。缺省的保持时间为 90 秒。

（5）ROUTE-REFRESH 消息

当 BGP 路由器的某一个对等体的入站路由策略更改时，必须以某种方式使该对等体的所有前缀可用，然后根据新策略重新检查。为了实现这一目标，可以使用一种称为"软重构"的方法，存储来自该对等体的所有路由的未经修改的副本，但是这种方法需要额外的内存和 CPU 来维护这些路由。ROUTE-REFRESH 消息提供了避免额外维护成本的替代解决方案。它提供了"路由刷新能力"，允许

BGP speaker 之间动态交换路由刷新请求,ROUTE-REFRESH 消息的格式如图 2.7 所示。

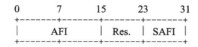

图 2.7　ROUTE-REFRESH 消息的格式

- AFI(Address Family Identifier):地址族标识符,16 比特。
- Res(Reserved Field):保留区域(8 bit),发送方应将其设置为 0,接收方应当忽略该区域信息。
- SAFI(Subsequent Address Family Identifier):子地址族标识符(8 bit)。

2.1.4　BGP 路由信息库

BGP 路由信息管理和处理系统的核心是存储路由的数据库。这个数据库统称为路由信息库(Routing Information Base,RIB),但实际上它并不是一个整体实体。它由三个独立的部分组成,由 BGP 发言者用来处理路由信息的输入和输出。其中两个部分本身由几个单独的部分或副本组成,BGP 路由信息库示意图如图 2.8 所示。

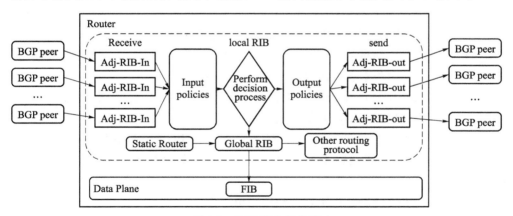

图 2.8　BGP 路由信息库

Adj-RIB-In:该 BGP 信息是指从邻居接收到的路由信息,不经过任何过滤和属性操作。针对每一个邻居,当前 BGP 的进程(可以理解成本地 BGP 实体)维护一个 Adj-RIB-In,记录从该邻居收到的 NLRI 消息。邻居可以把去向某个目的地的多条路由发送过来。对于某个目的地,只有一条路由会被加入所谓的 Adj-RIB-In。如果邻居撤销了任何路由,该 BGP 进程还要负责从 Adj-RIB-In 中删除对应的条目(如果有)。

Loc-RIB：BGP 维护自己的主路由表。对所有对等体 Adj-RIB-In 中提供的路由应用路由策略后，产生的最佳路由。当 Adj-RIB-In 发生变化时，BGP 主进程决定邻居的新路由是否优先于已有的 Loc-RIB 路由，并根据需要进行替换。

Adj-RIB-Out：保存向对等体发布的 BGP 路由。通常情况下，BGP 路由不会直接发布给对等体，BGP 导出策略通过修改 Loc-RIB 路由的路径属性来创建 RIB 导出的路由的路径属性。针对每一个邻居，当前 BGP 的进程要维护一个 Adj-RIB-Out，记录从本地 BGP 实体发送给该邻居的 NLRI 信息。

简言之，RIB 的三个部分是在 BGP 发言者中管理信息流的机制。从对等 BGP 发言者传输的更新消息接收的数据保存在 Adj-RIB-In 中，每个 Adj-RIB-In 保存来自一个对等方的输入。然后分析该数据并选择其中适当的部分来更新 Loc-RIB，这是该 BGP 发言者正在使用的路由的主要数据库。

2.1.5　BGP 路由决策过程

当 BGP 路由器收到一条 Update 消息后，如果 Update 消息中具有非空的 WITHDRAW ROUTES 字段，并且之前发布的路由的目的 IP 前缀包含在该 Update 消息的 WITHDRAW ROUTES 字段中，那么 BGP 路由器会将到达该目的 IP 前缀的路由从其 Adj-RIB-In 中移除；如果 Update 消息中包含一条可行的路由，那么 BGP 路由器将用该路由按照如下方式更新其 Adj-RIB-In：

- 如果新路由的目的 IP 前缀与一条当前存储在 Adj-RiB-In 中的路由相同，那么新路由将会替换 Adj-RIB-In 中的旧路由。
- 如果 Adj-RIB-In 中没有到达该路由的目的地址（IP 前缀）的路由，那么新路由将被放置到 Adj-RIB-In 中。

一旦 BGP 路由器更新了其 Adj-RIB-In，那么该 BGP 路由器就会运行其决策过程。决策过程通过将路由策略应用于存储在 Adj-RIB-In 中的路由来实现以下目标：

（1）选择 BGP 路由器在本地使用的路由；

（2）选择将要发布给其他 BGP 对等体的路由；

（3）进行路由聚合和路由信息精简。

决策过程分为三个不同的阶段：

第一个阶段负责计算从对等体接收到的每条路由的优先级，当 Adj-RIB-In 发生改变时就会触发第一阶段的运行。如果路由是从内部对等体学习到的，则将 LOCAL_PREF 属性的值作为优先级，或者本地系统根据预先配置的策略信息计算路由的优先级。如果路由是从外部对等体学习到的，则本地 BGP speaker 根据预先配置的策略信息计算优先级。如果返回值表明该路由不合格,则该路由不能作为下一阶段路由选择的输入;否则,返回值必须在任何 IBGP 重新发布中用作 LOCAL_PREF 值。

第二个阶段为路由选择,此阶段考虑所有在 Adj-RIB-In 中符合条件的路由。对于 Adj-RIB-In 中存在可行路由的每组目的地址,本地 BGP speaker 识别具有以下内容的路由:

- 到达同一目的地址的路由中的优先级最高的路由;
- 到达目的地址的唯一路由;
- 从到达同一目的地址且优先级相同的路由中根据"打破平局规则"选择的路由。

然后,本地 speaker 在 Loc-RIB 中安装该路由,替换当前保存在 Loc-RIB 中的任何到相同目的地的路由。从路由表中删除到同一目的地但现在被视为无效的现有路由。

第三个阶段为路由传播,在此阶段 Loc-RIB 中的所有路由根据配置的策略处理成 Adj-RIBs-Out。该策略可以将 Loc-RIB 中的路由排除在特定的 Adj-RIB-Out 中。如果 Loc-RIB 中的路由被排除在特定的 Adj-RIB-Out 之外,则必须通过 UPDATE 消息撤回先前在该 Adj-RIB-Out 中通告的路由。在此阶段可以选择应用路由聚合及信息缩减技术。

图 2.9 所示为 BGP 路由决策的过程[36]。假设 AS1 是一个全新的组织,它从区域地址注册机构申请得到 IP 地址前缀空间 72.245.184.0/24,并与 AS2 建立客户－提供者商业关系,以便 AS2 可以为 AS1 传输流量。若 AS1 的网络操作员在其 BGP 路由器中宣告 72.245.184.0/24,那么 AS1 中的这个路由器会向 AS2 中与其对等的 BGP 路由器发出一条更新消息,其中包含 72.245.184.0/24 的路由信息。此外,此更新消息中的 AS_PATH 属性为 1,表示可以通过 AS1 来访问 72.245.184.0/24。在 AS2 中的 BGP 路由器接收到更新消息后,就会把这条路由安装到它的 Adj-RIB-In 中,将这条路由选为到达 72.245.184.0/24 的最佳路由,并根据出站路由策略将其安装到对应的 Adj-RIB-Out 中。AS2 中的 BGP 路由器在 AS_PATH 的左侧添加自身的 AS 编号,并向 AS3 和 AS4 中与其对等的 BGP 路由器发送更新消息。此时,AS2 意识到 72.245.184.0/24 的存在,并在需要时将流量路由到该前缀。在收到 AS2 发来的更新消息后,AS3 会遵循同样的过程,将其 AS 编号添加到 AS_PATH 的左侧,并向 AS4 发送 AS_PATH 属性为 3 2 1 的更新消息。AS4 会收到分别来自 AS2 和 AS3 的两个不同的更新消息,这两个更新消息在不同的时刻到达 AS4。如果来自 AS3 的更新消息先到达 AS4,那么 AS5 和 AS6 会首先从 AS4 收到 AS_PATH 为 4 3 2 1 的更新消息,在 AS2 的更新消息到达

AS4 后,由于 BGP 倾向于较短的路径,AS4 会将到达 72.245.184.0/24 的最佳路由选为 2 1,之后 AS4 会向 AS5 和 AS6 发布 AS_PATH 为 4 2 1 的更新消息。如果来自 AS2 的更新消息先到达 AS4,那么 AS5 和 AS6 将只会收到来自 AS4 的 AS_PATH 为 4 2 1 的更新消息,因为 AS3 发布的路径 fd 情况下,AS2 和 AS4 之间无法再相互联系,相关 Adj-RIB-In 表的内容会从路由器中删除。两个 AS 将运行涉及另一个 AS 的所有最佳路由的决策过程。在示例中,AS4 中的 BGP 路由器会分析其所有 Adj-RIB-In,以找到可达 72.245.184.0/24 的路由。一旦找到可行的替代方案,AS4 将通知 AS5 和 AS6 路径已更改,发送带有 AS 路径 4 3 2 1 的更新消息。

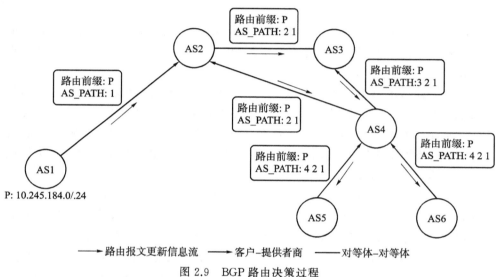

图 2.9　BGP 路由决策过程

假设 AS1 决定停止运营,在这种情况下,AS1 中的路由器会被关闭。一旦路由器关闭,BGP 会话就会中断,并将在整个互联网上引发连锁效应,让每个网络都知道该组织拥有的路由前缀不可再接收任何流量。在此示例中,一旦 AS1 与 AS2 之间的 BGP 会话中断,AS2 将会开启路径探索过程,找不到可达 72.245.184.0/24 的路由。然后,AS2 会生成一个路由回撤消息,宣布它无法到达 72.245.184.0/24,从而通知其邻居停止向它传播流量以到达 AS1。AS3 会收到回撤消息,并遵循与 AS2 同样的方式,向 AS4 发布其无法到达 72.245.184.0/24 的回撤消息。AS4 会收到分别来自 AS2 和 AS3 的两个的回撤消息,这两个回撤消息在不同的时刻到达 AS4。如果 AS4 首先收到来自 AS3 的回撤消息,那么 AS4 会从与 AS3 相关的 Adj-RIB-In 中删除到达 72.245.184.0/24 的路由,在 AS4 收到 AS2 的回撤消息之后,会触发 AS4 的路径探索过程,AS4 将找不到可达 72.245.184.0/24

的路由,并向 AS5 和 AS6 发送回撤消息。如果 AS4 首先收到来自 AS2 的回撤消息,那么 AS4 将运行路径探索过程,这使得 AS4 认为仍然有可达 72.245.184.0/24 的路由,并向 AS5 和 AS6 发送 AS_PATH 为 4 3 2 1 的更新消息,在 AS4 接收到来自 AS3 的回撤消息后,再次触发其路径探索过程,此时,AS4 无法找到可达 72.245.184.0/24 的路由,并向 AS5 和 AS6 发送回撤消息。注意,一条回撤消息并不一定意味着目的地不再可以从任何 AS 到达。例如,由于临时本地网络故障和/或 BGP 会话配置错误,可能会在某个地理区域中生成此类消息,而该 IP 路由前缀仍可从其他 AS 访问。

2.2 BGP 路由报文采集

BGP 报文中包含了丰富的路径信息和状态信息,这些信息可以用来构建全局的网络拓扑、监测路由状态变化,是路由安全分析的基础。获取路由报文最直接的方式是通过命令行登录路由器查看路由信息表的状态信息,全球也存在很多这种开放的路由器,但是这种方式获取到的路由报文信息量较少,且不能长期连续获取海量的路由报文数据。目前系统化的路由报文采集方式主要包括被动路由报文采集、流式路由报文采集以及基于路由器的主动推送。

2.2.1 被动路由报文采集

被动路由报文采集主要通过搭建路由报文收集器,它模拟一个路由器(例如使用路由模拟软件 Quagga),并与一个或多个真实的路由器(Vantage Point,VP)建立 BGP 对等会话,每次 Adj-RIB-Out 更改时,每个 VP 都会向收集器发送更新消息,以反映对其 Loc-RIB 的更改。每个 VP 会通过 BGP 协议与其对等体进行正常数据交互,通过使用其他对等体传入的 Adj-RIB-In 更新自己的 Loc-RIB,然后根据输出策略向其他对等体传送 Adj-RIB-Out 信息。一个收集器会与多个 VP 建立 BGP 会话链接,从而接收各 VP 发送的 Adj-RIB-Out 信息并解析汇总。路由更新阶段本质上是 BGP 协议运行的过程,其结果是路由收集器获得了经由 VP 点到全球所有可见路由前缀的路径信息。BGP 路由报文采集原理如图 2.10 所示。

VP 与收集器的 BGP 会话关系为提供商和消费者关系,即 VP 向收集器提供传输服务,VP 提供的传输服务分为全反馈和部分反馈两种,其中全反馈将向收集器发送包含其 Loc-RIB 整个域间路由集的 Adj-RIB-Out 信息,使收集器在每一时刻都知道该 VP 将到达互联其余部分的所有首选路由。部分反馈将提供其 Loc-RIB 中的域间路由子集,仅向收集器提供到达其内部网络的域间路由信息和通过其他对等体学习到的域间路由信息。

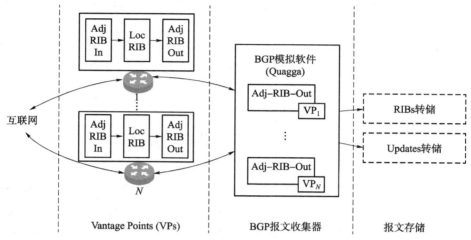

图 2.10　BGP 路由报文采集原理

对于每个 VP,收集器都会维护一个会话状态和 Adj-RIB-Out 快照。收集器会对域间路由信息快照进行定期转储,分别为维护的 Adj-RIB-Out 的路由快照转储和自上次转储以来从所有 VP 接收的更新消息以及状态的更新转储。路由快照转储提供了对 BGP 路由表更改的有效总结,其粗时间粒度为 2～8 个小时。相比之下,更新转储包含大量路由变化的信息,提供了可观察路由动态的完整视图,从而支持其他类型的分析和近实时监控应用程序,时间粒度一般为 5 分钟。

大多数路由收集器物理连接到 IXP 机房,通过二层交换与其他对等体建立 BGP 会话来收集路由报文数据,这是种背靠背的 BGP 会话建立方式,充分利用了 IXP 集线器的作用。另外也存在"多跳"路由收集器,它通过 BGP 多跳会话与远端对等体建立 BGP 会话来收集 BGP 报文数据。多跳 BGP 会话的优点是可以与来自世界各地的 BGP 路由器建立远程会话连接。

路由收集器捕获的数据以通常以多线程路由工具包(Multi-threaded Routing Toolkit,MRT)格式存储在文件中,RFC6396[37]描述了用于路由信息导出的 MRT 格式。该格式可用于导出路由协议消息、状态变化和路由信息库内容。MRT 是一个行业标准。因此,有许多可以创建 MRT 文件的标准工具、用于读取和写入 MRT 文件的库以及用于读取 MRT 文件并在其中进行搜索的 CLI 程序。俄勒冈大学的 Routeviews 项目和 RIPE NCC 路由信息服务(Routing Information Service,RIS)使用 MRT 格式存储采集的路由报文。MRT RFC 标准如表 2.3 所示。

表 2.3 MRT RFC 标准

年份	RFC 标准	主要内容
2011 年	RFC6396[37]	多线程路由工具包（MRT）路由信息导出格式
2011 年	RFC6397[38]	带有地理位置扩展的 MRT BGP 路由信息导出格式
2017 年	RFC8050[39]	具有 BGP 附加路径扩展的 MRT 路由信息导出格式

MRT 格式最初是在 MRT 程序员指南中定义[40]。随后的扩展是在 GNU Zebra 中进行的软件路由套件和 Sprint Advanced Technology Labs Python 路由工具箱 PyRT 中实现。进一步的扩展通过对 MRT 类型字段和的附加定义确定。

所有的 MRT 格式记录都有一个公共报头，它由一个时间戳、类型、子类型、长度字段和消息字段。MRT 的头部格式如图 2.11 所示。

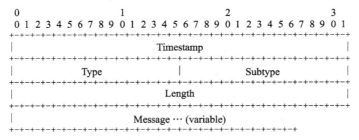

图 2.11 MRT 的头部格式

有些 MRT 格式记录类型支持带有扩展时间戳字段，这个字段的目的是支持亚秒级分辨率的测量。该字段是 Microsecond Timestamp，包含一个以微秒为单位的无符号 32 位偏移值，该偏移值被添加到 Timestamp 字段的值中。时间戳字段保持在 MRT 公共报头中的定义。微秒时间戳紧跟着 MRT 公共报头中的长度字段，并在消息中的所有其他字段之前。微秒时间戳包含在 Length 字段值的计算中。扩展时间戳 MRT 报头如图 2.12 所示。

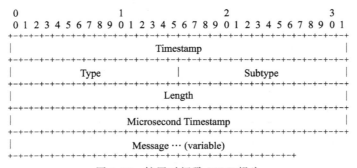

图 2.12 扩展时间戳 MRT 报头

表 2.4 所示为 MRT 格式定义的 MRT 消息类型。在其名称中包含"_ET"后缀的 MRT 类型标识那些使用扩展时间戳 MRT 报头的类型。这些类型中的 Message 字段保持为与 MRT 类型定义的相同不带"_ET"后缀的参数。

表 2.4　MRT 消息类型

类型	类型值	类型说明
OSPFv2	11	描述 OSPFv2 协议路由信息
TABLE_DUMP	12	用于对 BGP RIB 的内容进行编码。每个 RIB 条目都编码在一个不同的顺序 MRT 记录中。由于 TABLE_DUMP 类型的限制，新的 MRT 编码实现使用 TABLE_DUMP_V2 类型
TABLE_DUMP_V2	13	用于对 BGP RIB 的内容进行编码
BGP4MP	16	用于对 BGP 消息内容进行编码
BGP4MP_ET	17	用于带扩展 MRT 表头的 BGP 消息内容编码
ISIS	32	描述 ISIS 路由协议信息
ISIS_ET	33	用于带扩展 MRT 表头的 ISIS 路由协议信息
OSPFv3	48	描述 OSPFv3 路由协议信息
OSPFv3_ET	49	用于带扩展 MRT 表头 OSPFv3 路由协议信息

路由收集器主要生成两种不同类型的 BGP MRT 转储文件：BGP4MP 类型和 TABLEDUMPV2 类型。BGP4MP 中包含 BGP UPDATE、NOTIFICATION、KEEPALIVE 或 OPEN 消息，按照它们到达收集路由器的顺序连续收集。BGP4MP 类型有 6 个子类型，BGP4MP 消息类型如表 2.5 所示。

表 2.5　BGP4MP 消息类型

类型	类型值	类型说明
BGP4MP_STATE_CHANGE	0	用于对 BGP 有限状态机的状态变化进行编码
BGP4MP_MESSAGE	1	对 BGP 消息进行编码，AS 号码为 16 位
BGP4MP_MESSAGE_AS4	4	对 BGP 消息进行编码，AS 号码为 32 位
BGP4MP_STATE_CHANGE_AS4	5	用于对 BGP 有限状态机的状态变化进行编码，AS 号为 32 位
BGP4MP_MESSAGE_LOCAL	6	该子类型表示本地生成的 BGP 消息
BGP4MP_MESSAGE_AS4_LOCAL	7	该子类型表示本地生成的 BGP 消息。AS 号为 32 位

其中 BGP4MP_MESSAGE_AS4 为主要的使用的消息,可以对任何类型的 BGP 消息进行编码。整个 BGP 消息封装在 BGP 消息字段中。支持 4 字节 AS 号。BGP4MP_MESSAGE_AS4 子类型在其他方面与 BGP4MP_MESSAGE 子类型相同。BGP4MP_MESSAGE_AS4 格式如图 2.13 所示。

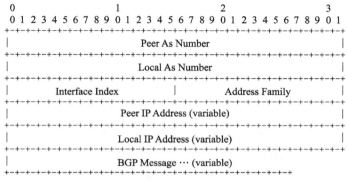

图 2.13 BGP4MP_MESSAGE_AS4 格式

TABLE_DUMP_V2 保存路由器的 BGP 路由表的完整信息,每隔一定的时间转储一次,以便了解当前路由表的状态。TABLE_DUMP_V2 是 MRT 格式中最重要的记录类型之一,它记录了 BGP 路由表的信息,包括所有可达目的地的网络前缀、它们的下一跳和相关的 BGP 属性信息。这些信息可以用于分析和监视 BGP 路由器之间的路由信息交换,从而更好地了解互联网的拓扑结构和流量特征。表 2.6 所示为 TABLE_DUMP_V2 类型。

表 2.6 TABLE_DUMP_V2 类型

类型	类型值	类型说明
PEER_INDEX_TABLE	1	提供了采集器的 BGP ID、可选视图名和索引对等体列表。在 PEER_INDEX_TABLE MRT 记录之后,使用一系列 MRT 记录对 RIB 表项进行编码
RIB_IPV4_UNICAST	2	RIB 表项编码,支持单播 IPv4
RIB_IPV4_MULTICAST	3	RIB 表项编码,支持组播 IPv4
RIB_IPV6_UNICAST	4	RIB 表项编码,支持单播 IPv6
RIB_IPV6_MULTICAST	5	RIB 表项编码,支持组播 IPv6
RIB_GENERIC	6	用于覆盖不属于上面定义的通用情况项的 RIB 表项

RIB_IPV4_UNICAST、RIB_IPV4_MULTICAST、RIB_IPV6_UNICAST 和 RIB_IPV6_MULTICAST 是最常见的 RIB 表实例类型,为它们提供特定的 MRT

子类型允许更紧凑的编码。这些子类型允许单个 MRT 记录为单个前缀编码多个 RIB 表项。图 2.14 所示为 RIB 的头部信息。

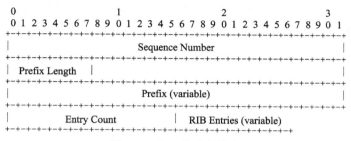

图 2.14　RIB 的头部信息

从路由收集器和公开路由报文收集项目获得报文文件一般以 MRT 二进制格式存储，通常使用 BGPDUMP 工具将 MRT 文件转化为可读的输出[41]。该项目由 RIPE NCC 和互联网研究社区维护。图 2.15 和图 2.16 是利用 BGPDUMP 工具将路由快照转储和路由更新转储按行转化输出的可读模式。其中，路由快照转储的可读格式中具有协议类型、时间戳、条目类型、对等 IP 地址、对等 AS 编号、前缀、AS 路径、消息起源和下一跳等字段。对等 IP 地址即与路由收集器建立对等关系的 BGP 路由器的 IP 端口地址，对等 AS 编号即与路由收集器建立对等关系的 BGP 路由器所在的 AS 编号，AS 路径即到达前缀需要通过的 AS 编号列表。起源字段可能的值有 IGP 和 EGP，其中 IGP 表示消息起源于 AS 内部，EGP 表示消息起源于外部 AS。路由更新转储中的消息可以分为回撤消息和宣告消息，其中回撤消息表示路由收集器收到了对等体对某一条前缀的回撤消息，宣告消息表示路由收集器收到了对等体对某一条前缀的宣告消息。

图 2.15　路由快照转储可读格式

图 2.16　路由更新转储可读格式

2.2.2　实时流报文采集

被动路由报文采集是基于文件的分发系统,从而导致收集的数据可用的延迟。测量显示,除了由于文件发布上传持续时间造成的 5 分钟和 15 分钟的延迟外,由于发布基础设施,还存在少量的可变延迟,路由更新转储在转储开始后 20 分钟内才能接入到数据分析程序[42]。研究界认识到需要更好地支持实时 BGP 测量数据的收集和分析。BGPmon 是一个用于实时获得 BGP 路由信息的开源工具[43],它提供了实时的 BGP 路由数据分析和报告,帮助网络管理员识别潜在的路由安全威胁和网络故障,以及改善网络性能。它广泛应用于 ISP(互联网服务提供商)、企业和政府机构等组织中,以确保网络安全和稳定性。

BGPmon 的主要功能包括以下几个方面。

(1) BGP 路由数据收集:BGPmon 可以从多个 BGP 路由器收集实时的 BGP 路由信息,并对其进行处理和分析。BGPmon 支持多种路由器类型和 BGP 版本,并且可以处理多个 BGP 消息类型,包括 Update、Withdraw 和 Keepalive 等。

(2) 实时路由数据分析:BGPmon 可以对收集的 BGP 路由数据进行实时分析,包括路由路径、AS(自治系统)路径、前缀、路由属性和路由变化等方面。它还可以检测异常路由和错误路由,并提供有关路由变化的通知和警报。

(3) 网络威胁检测:BGPmon 可以检测潜在的网络威胁,包括路由欺骗、BGP 污染和路由黑洞等。它还可以识别来自不受信任的自治系统的路由信息,并提供有关网络威胁的警报和通知。

(4) 性能监控和报告:BGPmon 可以监控网络性能,并提供有关网络延迟、带宽利用率和网络流量的报告和分析。这些报告可以帮助网络管理员优化网络配置和改善网络性能。

BGPMon 是一个实时的路由报文采集框架,它消除了不必要的路由选择和数据转发功能,只关注监控功能。BGPmon 使用发布/订阅覆盖网络来提供对大量对等点和客户端的实时访问。所有路由事件都合并到一个 XML 流中。XML 允许我们添加额外的特性,例如标签更新,以方便客户机识别有用的数据。客户端订阅BGPmon 并接收 XML 流,执行诸如归档、过滤或实时数据分析等任务。BGPmon支持可伸缩的实时监控数据分发,允许监控器相互对等并形成覆盖网络,以提供新的服务和特性,而无须修改监控器。

图 2.17 所示的 BGPmon 体系结构反映了一个能够向上和向外扩展的实时监视器。该设计利用线程来提供实时支持,并增加监视器支持的对等点和客户机的数量。BGPmon 为每个对等端和客户端连接使用一个轻量级线程。此外,还有一些线程用于连接到 BGPmon 的其他实例,以及一些内部函数,如标签和 XML 转

换。线程的使用利用了多核处理器的趋势。BGPmon 为每个对等路由器创建一个对等线程,并将所有 BGP 消息(Open、Update、Notification、Keepalive、Route-refresh)放在对等队列中,以创建一个单一的、统一的事件流。对等线程检测到连接丢失,并自动启动连接恢复。此外,BGP 有限状态机中的所有更改都被放在对等体队列中。如果配置了路由器连接,对端线程使用 MD5 认证。

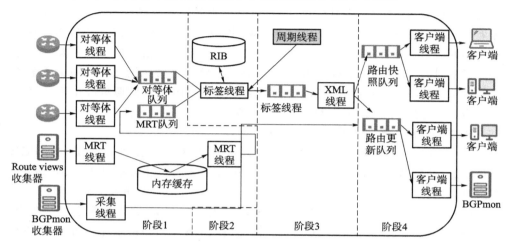

图 2.17　BGPMon 体系结构

标签线程处理来自对等队列的事件,并维护一个 RIBIN 表,其中包含对等队列发布的未处理路由信息。这个线程根据 RIBIN 表的状态确定标签信息,并将事件和相应的标签放在标签队列中。标签标识公告、撤销、新更新、重复更新、相同路径和不同路径,以帮助过滤和分析。由于 RIBIN 表是系统的主要内存限制,标记是一个可选特性,当关闭时,BGPmon 使用的内存会急剧减少。

最后,监视线程定期发布状态信息,并将路由表注入事件流。路由表通过请求路由刷新直接从对端路由器获得。在对等体不支持路由刷新的情况下,可以使用 RIBIN 表来模拟路由刷新。XML 线程处理标签队列中的事件,将它们转换为 XML,然后将它们放入 XML 队列。来自另一个 BGPmon 实例的事件可以聚合到 XML 队列中以形成 BGPmon 网格。每个客户端线程发送从 XML 队列到客户端的整个事件流。

对路由报文访问实时数据对于前缀劫持检测是必要的。访问 15 分钟前的数据就足以分析过去的事件,但是对 BGP 活动的实时监控需要在几秒内提供更新文件。例如,当前的 BGP 前缀劫持警报系统希望在几秒内检测到潜在的路由劫持。BGPmon 通过一个接口提供对实时数据的访问。接收到的所有 BGP 消息都应用于内部 RIB 表,并重新格式化为 XML,以便发送给感兴趣的客户端。访问实时数据需要开发一个更可伸缩的系统。

2.2.3　BGP 监控协议

　　许多研究人员和网络运营商希望能够访问路由器的 BGP 路由信息库（RIB）的内容以及路由器正在接收的协议更新视图。BGP 监控协议（BGP Monitoring Protocol，BMP）提供了一个监测站，可以从 BGP 路由器获取路由更新和统计信息。在 BMP 引入之前，这个数据只能通过屏幕抓取或者通过被动报文方式收集，采集的是对等体 Adj-RIB-Out 的访问。BMP 协议在 RFC7854 中有详细的定义[44]。路由器向 BMP 监测站发送一个或多个 BGP 会话信息。BMP 允许 BGP 路由器向监测站发布策略前或策略后 BGP RIB 信息库，即 BMP 提供对未处理的路由信息（Adj-RIB-In）和受监视路由器对等体的已处理路由信息（Adj-RIB-Out）的访问，这允许监测站监控路由表的大小，识别问题，监控表大小的趋势，并计算更新或撤回频率。BMP 监测站有时也称为 BMP 收集器。路由器以 BMP 报文的形式向 BMP 站发送信息。BMP 的一个关键优势是它允许学习对等体发送的所有路径，而不是像传统的 BGP 监控那样只学习最好的路径。这意味着可以更深入地了解为什么选择某条路径或一组路径。此外，每条 BMP 消息都带有准确的时间戳，以便进一步了解事件发生的过程。BMP 监测框架如图 2.18 所示。

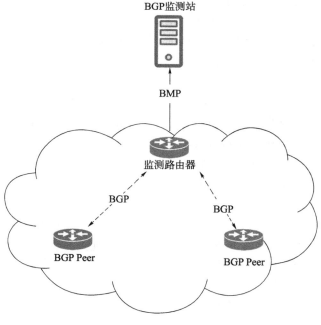

图 2.18　BMP 监测框架

BMP 在 TCP 上运行,受监控的路由器和监测站都可以配置为连接的主动方或被动方。被动方在特定端口侦听,路由器可以被多个监控站监控。BMP 消息仅由被监控的路由器发送,监控站应该收集和处理通过 BMP 接收的数据。BMP 提供对等体的 Adj-RIB-In 的持续访问,并提供某些统计数据的定期转储,以供监控站进行进一步分析。从高层次上讲,BMP 可以被认为是在各种被监控的 BGP 会话上接收到的消息进行多路复用的结果。BMP 提供的消息如下:

- 路由监控:用于提供从对等体接收的所有路由的初始转储,以及将对等体发布和撤回的增量路由发送到监测站的持续机制。
- 对等体断开通知:发送的消息,表示对等连接会话已经断开,并提示会话断开的原因。
- 状态报告:一个持续转储的统计数据,监测站可以使用它作为路由器中正在进行的活动的高级指示。
- 对等体启动通知:发送的消息,表示对等连接会话已经启动。该消息包括对等体之间在 OPEN 消息中交换的数据信息,以及对等 TCP 会话本身的信息。除了在对等体转换到已建立状态时发送外,当 BMP 会话本身启动时,还会为处于已建立状态的每个对等体发送对等体启动通知。

路由器被配置为与一个或多个监测站通话。它可以被配置为仅为其 BGP 对等体的一个子集发送监视信息。否则,认为监视所有 BGP 对等体。当活动方成功打开 TCP 会话("BMP 会话")时,BMP 会话开始,它接着发送它的 Adj-RIB-In(前策略,后策略,或两者都有)的内容,封装在路由监控消息中。一旦它为一个给定的对等体发送了所有路由,它必须为该对等体发送一个 End-of-RIB 消息,当为每个被监视的对等体发送了 End-of-RIB 时,初始的表转储已经完成。在最初的表转储之后,路由器发送封装在路由监控消息中的增量更新。它可以根据配置定期发送统计报告,甚至新的启动消息。如果有新的被监控的 BGP 对等体变为已建立,则发送相应的对等体启动消息。如果发送了对等体启动消息的 BGP 对等体脱离已建立状态,则发送相应的对等体掉线消息。当承载 BMP 会话的 TCP 会话因任何原因关闭时,BMP 会话结束。路由器可以在关闭会话之前发送一个终止消息。

OpenBMP 是 BMP 协议的软件实现[45]。这是一个由思科创建的开源项目,目前由来自 CAIDA/UCSD 和 RouteViews 的人员维护。它是在 C++ 中实现的,可以与任何兼容的 BMP 发送器一起使用。OpenBMP 为输出从连接的路由器收集的 BMP 消息提供了多种格式,其中一种是 raw_bmp 格式,它是原始 BMP 消息的简单包装。BGP 数据主要存储在 PostgreSQL 中。

2.3　BGP 路由报文采集工程

2.3.1　RIPE NCC 路由信息服务

欧洲地区互联网注册网络协调中心（Reseaux IP Europeens Network Coordination Centre，RIPE NCC）是一个独立的非盈利性的会员组织，是五个提供互联网资源分配的地区之一。RIPE 作为区域互联网注册服务机构，向地理服务区域内的组织成员分配和注册互联网号码资源块。其成员主要由互联网服务提供商、电信机构和大型企业组成，主要设在欧洲以及中东和中亚部分地区。

RIPE NCC RIS（Routing Information Service，RIS）是 RIPE 于 2001 年启动的域间路由信息服务，通过与全球网络运营商合作，该服务在全球范围内布置远程域间路由收集器（Remote Route Collector，RRC）用于收集存储互联网域间路由数据，并将收集到的域间路由数据通过多线程域间路由工具包 MRT 的形式公布在 FTP 服务器上，用户可根据需要从服务器上自行下载解析域间路由数据[46]。任何人（网络运营商、政策制定者、研究人员）都可以使用 RIS，通过使用 RIS 数据的工具深入了解互联网路由系统。这些工具使检查特定路由事件、排除 Internet 路由故障以及根据路由趋势制定未来计划成为可能。

截至 2022 年 12 月底，RIPE RIS 在全球可用远程域间路由收集器一共 26 个，大多数路由收集器物理连接到 IXP LAN 中，与其他对等体建立 BGP 会话收集路由报文数据。另外也有一些"多跳"路由收集器，它通过 BGP 多跳会话从对等点收集 BGP 数据。多跳 BGP 会话的优点是路由报文数据收集不限于连接到与 RIS 收集器相同的对等 LAN 的网络。

表 2.7 所示为 RIPE RIS 收集器信息。RIPE RIS 域间路由信息服务的 RIB 转储频率为八小时一次，即每八小时生成一个域间路由信息表数据文件；更新转储为五分钟一次，即每五分钟生成一个域间路由更新报文数据文件。目前从大约 1 300 个 BGP 对等会话中收集 BGP 数据。

表 2.7　RIPE RIS 收集器信息

收集器	位置	对等体数量
rrc00	Amsterdam，Netherlands	117
rrc01	London，United Kingdom	152
rrc03	Amsterdam，Netherlands	160

收集器	位置	对等体数量
rrc04	Geneva,Switzerland	20
rrc05	Vienna,Austria	65
rrc06	Tokyo,Japan	8
rrc07	Stockholm,Sweden	38
rrc10	Milan,Italy	64
rrc11	New York,US	47
rrc12	Frankfurt,Germany	157
rrc13	Moscow,Russian Federation	31
rrc14	California,US	30
rrc15	Sao Paulo,Brazil	62
rrc16	Florida,US	35
rrc18	Barcelona,Spain	25
rrc19	Johannesburg,South Africa	63
rrc20	Zurich,Switzerland	70
rrc21	Paris,France	71
rrc22	Bucharest,Romania	34
rrc23	Singapore,Singapore	52
rrc24	Montevideo,Uruguay	24
rrc25	Amsterdam,Netherlands	41
rrc26	Dubai,UAE	16

　　RIPE RIS 同时也提供实时流服务 RIS Live[47]。RIS Live 通过 RIS 收集器架构接收来自 RIS 路由收集器的消息,用户可以连接到 RIS Live 并请求服务器过滤他们感兴趣的消息。有多种过滤器可用,特别是针对 BGP UPDATE 消息(路由更新和撤回消息)的 CIDR 前缀匹配和 AS 路径匹配,这些消息通常在看到原始 BGP 消息后不到一秒就在 RIS Live 上可用。RIS Live 有客户端消息和服务器消息。客户端消息用于设置或取消"订阅",它本质上告诉服务器客户端希望接收哪种 BGP 消息,并允许服务器只向客户端发送感兴趣的消息。服务器确认来自客户端的请求,然后开始将请求的数据流传回客户端。

2.3.2 Route Views

  Route Views 路由报文采集项目于 1995 年在俄勒冈大学高级网络技术中心成立[48]。数据档案于 1997 年开始,如今数据规模已达 22 TB。Route Views 采集器通过与互联网交换点的网络运营商直接对等获取 BGP 数据,或者与不在交换中心的网络运营商进行多跳连接获取 BGP 报文数据。可以通过 telnet 方式查询采集器。历史数据以 MRT 格式存储,可以从 archive.routeviews.org 使用 HTTP 或 FTP 下载。它允许互联网用户从互联网上其他位置的角度查看全球边界网关协议路由信息。路由视图最初是为了帮助互联网服务提供商确定其他人如何查看他们的网络前缀,以便调试和优化对他们网络的访问,现在 Route Views 用于一系列其他目的,包括学术研究。

  截至 2022 年 12 月底,Route Views 项目在 39 个交换点和 1 000 多个对等点拥有收集器,这些收集器大多位于互联网各骨干位置收集 BGP 域间路由表数据和域间路由更新数据,表 2.8 所示为 Route Views 各收集器所在位置和 IPv4/IPv6 支持情况等信息。Route Views 路由信息服务的 RIB 转储频率为两小时一次,即每两小时生成一个域间路由信息表数据文件;更新转储为十五分钟一次,即每十五分钟生成一个域间路由更新数据文件。

表 2.8　Route Views 收集器信息

收集器	位置	IPv4/IPv6 支持情况
route-views	Eugene Oregon,USA	IPv4
route-views2	Eugene Oregon,USA	IPv4
route-views3	Eugene Oregon,USA	IPv4
route-views4	Eugene Oregon,USA	IPv4/IPv6
route-views5	Eugene Oregon,USA	IPv4/IPv6
route-views6	Eugene Oregon,USA	IPv6
route-views.amsix	Amsterdam IX	IPv4/IPv6
route-views.bdix	Bangledesh Internet Exchange (BDIX)	IPv4/IPv6
route-views.gixa	Ghana,Africa	IPv4/IPv6
route-views.gorex	Guam,US Territories	IPv4/IPv6
route-views.isc	Palo Alto CA,USA	IPv4/IPv6

收集器	位置	IPv4/IPv6 支持情况
route-views.jinx	Johannesburg，South Africa	IPv4/IPv6
route-views.kixp	Nairobi，Kenya	IPv4
route-views.linx	London，GB	IPv4/IPv6
route-views.napafrica	Johannesburg，South Africa	IPv4/IPv6
route-views.nwax	Portland，Oregon	IPv4/IPv6
route-views.perth	West Australian Internet Exchange	IPv4/IPv6
route-views.peru	Lima，Peru	IPv4/IPv6
route-views.phoix	University of the Philippines	IPv4/IPv6
route-views.sfmix	San Francisco，USA	IPv4/IPv6
route-views.rio	Rio de Janeiro，Brazil	IPv4/IPv6
route-views.sydney	Sydney，Australia	IPv4/IPv6
route-views.sox	Belgrade Serbia	IPv4/IPv6
route-views.sg	SG1 Equinix Singapore	IPv4/IPv6
route-views.saopaulo	Sao Paulo，Brazil	IPv4/IPv6
route-views2.saopaulo	Sao Paulo，Brazil	IPv4/IPv6
route-views.siex	Roma，Italy	IPv4/IPv6
route-views.telxatl	Atlanta，Georgia	IPv4/IPv6
route-views.uaeix	Dubai，United Arab Emirates	IPv4/IPv6
route-views.wide	Tokyo，Japan	IPv4/IPv6
route-views.ny	New York，USA	IPv4/IPv6

2.3.3　BGPStream

　　BGPStream 是 CAIDA 开发的一个用于分析历史和实时边界网关协议测量数据的开源软件框架[49]。BGPStream 能够有效地调查事件，快速创建原型，并构建复杂的工具和大规模监控应用程序。BGPStream 框架被组织在多个层中，如图 2.19 所示。元数据提供者提供关于来自数据提供者的数据的可用性和位置的信息，这些数据提供者是 BGPStream 项目外部的数据源，如 RIPE NCC RIS 或者 Route Views。

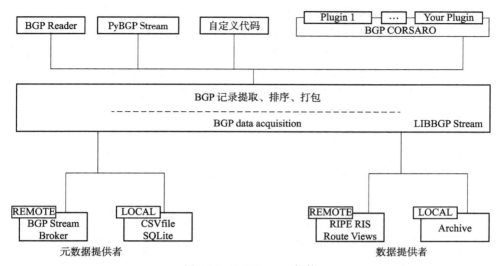

图 2.19　BGPStream 架构

libBGPStream 是框架的主库,提供了以下功能:

- 透明访问多个收集器、不同收集器项目以及 RIB 和 Updates 的并发转储;
- 实时数据处理;
- 数据提取、注释和错误检查;
- 生成时序的 BGP 测量数据流;
- 用户可以通过 API 指定和接收流。

libBGPStream 用户 API 提供了配置和使用 BGP 测量数据流以及系统地将 BGP 信息组织成数据结构的基本功能。一般来说,任何使用 libBGPStream C API 的程序都包含一个流配置阶段和一个流读取阶段:首先,用户定义元数据过滤器,然后迭代地请求流中的新记录进行处理。PyBGPStream 是一个 Python 包,它导出 libBGPStream C API 提供的所有函数和数据结构。直接绑定到 C API,而不是用 Python 实现 BGPStream 函数,以便利用 Python 语言的灵活性以及底层 C 库的性能。

2.4　BGP 路由异常监测技术

2.4.1　路由异常分类

域间路由协议作为网络空间的基础设施,控制着 AS 之间的报文转发路径,对互联网的效率和可靠性起着至关重要的作用。然而,由于缺乏安全考虑,BGP 的一些安全问题还没有得到很好的解决。例如,从邻居接收到的路由信息不能被验证,无效的路由可能会导致报文沿着错误的路径转发,突发的路由前缀回撤可能导致上层应用服务不可达。带有破坏性的路由变化事件会造成应用服务的连接中断、可用带宽变小、链路入口处的流量阻塞,严重影响网络和服务的性能。除了造成经济损失,路径变化也会危机国家网络安全,网络流量中包含大量敏感信息,揭示网络运营者的竞争策略、商业秘密甚至国家机密等,攻击者可从中实现大规模窃听、身份欺骗甚至选择性内容修改[50]。根据路由报文中路由前缀以及对应路径变化的特点,路由异常主要可以分为路由劫持、路由泄露和路由中断,分类示意图如图 2.20 所示。

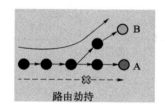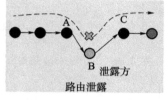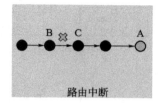

图 2.20　BGP 异常分类

（1）路由劫持

路由劫持是指某 AS 恶意宣告其他 AS 的 IP 前缀或者伪造到达该前缀的不存在的路径,该域间路由信息会通过 BGP 传递给其他 AS 并被无条件信赖,导致该 IP 前缀的数据包沿着错误的路径转发,最终到达错误的 AS,从而实现流量监听、流量黑洞、流量劫持等目的。

路由劫持可以根据劫持手段分为三类:前缀劫持、子前缀劫持、路径劫持。其中前缀劫持是最为常见的劫持方式,具体为某一 AS 直接宣告其他 AS 拥有并已经宣告的 IP 前缀,由于 BGP 域间路由协议并无信息安全验证措施,会导致部分流量流向虚假宣告者 AS,从而实现流量劫持;子前缀劫持具体指的是某一 AS 宣告其他 AS 拥有并已经宣告的 IP 前缀的子前缀,根据 BGP 域间路由规则,子 IP 前缀由于前缀长度大于父 IP 前缀的长度,流量会优先流向子 IP 前缀的宣告者,从而实现流量劫持;路径劫持指的是某一 AS 不直接宣告其他 AS 的 IP 前缀,但是却向其邻居伪造其能到达目标 IP 前缀的虚假路径,根据 BGP 域间路由规则,路径长度较短的 AS 路径会被优先选择,会导致部分流量流向伪造路径者 AS,当流量到达伪造路径者 AS 后其可根据自身需要选择是否继续转发,这种劫持手段也能实现流量劫持或是流量监听。

（2）路由泄露

根据 RFC7908 定义[51],路由泄漏是指路由公告的传播超出了其预定范围。

也就是说,一个自治系统向另一个自治系统发布的学习到了 BGP 路由,违反了接收方、发送方或者前面 AS 路径上的某个自治系统的预期策略。预期的范围通常由一组分布在所涉及的 AS 对等体之间的本地再分发/过滤策略定义。通常,这些预期策略是根据 AS(例如,客户、传输提供商、对等体)之间的商业关系来定义的。一般情况下,路由传播具备以下特性。

- 提供商:可以向客户传播任何可用路由。
- 客户:可以将从客户处学到的或本地生成的任何路由传播给提供商。所有其他路由绝对不能被传播。
- 对等体:可以向对等体传播从客户端学到的或本地生成的任何路由。所有其他路由绝对不能被传播。

路由传播过程一般包括上行阶段(客户到提供商)、对等互联阶段(对等体到对等体)、下行阶段(提供商到客户),形成一个无谷底的路由传播路径。路由泄露一般是路由传播违反了无谷底路由原则,当互联网流量回传到路由泄露方时,路由泄露方可能不具备流量转发能力进而导致路由黑洞,也可能导致流量重定向,非预期路径可能导致窃听或流量分析。

图 2.21 所示为一个典型的路由泄露过程,当多宿主客户 AS3 从一个传输提供者 ISP1(AS1)学习到前缀 P 更新,并违反预定的路由策略将更新泄露给另一个传输提供者 ISP2(AS2)时,就会出现一种常见的路由泄露形式,而且,第二个传输提供者没有检测到泄露,并将泄露的更新传播给其客户、对等体和其他传输提供者。当 ISP2 收到到达前缀 P 的流量时,会将流量转发给 AS3,一般情况下,AS3 不具备流量过境转发能力,链路流量有可能会出现过载进而导致流量黑洞。

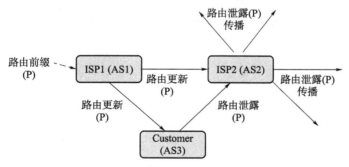

图 2.21 典型的路由泄露过程

路由泄露可以是偶然的或恶意的,但大多数是由偶然引起的配置错误,且常发生于多宿主 AS 中。

(3)路由中断

路由中断事件是指由于 BGP 骨干路由设备在不可抗力因素发生时,如断电、设备过载、自然灾害造成 BGP 会话断开或者由于网络攻击、人工配置错误以及人为故意因素,引起源头自治域前缀回撤,导致到达目标前缀路由不可达的路由异常事件。路由中断可能会导致互联网用户无法访问特定主机或服务,从而影响到网络的正常运行和使用。当 AS 中的大量前缀发生路由中断,可能会导致 AS 发生路由中断。AS 路由中断可能会导致自治系统内的网络无法正常运行,从而影响到网络的正常使用。国家网络路由中断是指某个国家内部的互联网路由出现故障或被意外中断,导致该国的互联网与全球互联网之间的网络连接中断或出现严重问题。除了网络故障、配置错误等造成中断的情况,在某些情况下,政府可能会采取措施限制互联网连接,例如通过屏蔽或限制访问某些网站或服务。这可能会导致该国的互联网连接中断或受到严重干扰。

2.4.2 路由异常威胁

由于路由异常事件可能造成流量传输路径发生改变,带有破坏性的路由异常事件会造成应用服务的连接中断、可用带宽变小、链路入口处的流量阻塞,严重影响网络和服务的性能。除了造成经济损失,路径变化也会危机国家网络安全,网络流量中包含大量的敏感信息,揭示网络运营者的竞争策略、商业秘密甚至国家机密等,攻击者可从中实现大规模窃听、身份欺骗甚至选择性内容修改。而且,执行这样的攻击不用访问或接近受影响的链路网络,将大大提高国家安全风险。更糟糕的是,这种攻击不会使受害者的通信产生中断,可持续较长时间而不被受害者发现。主要安全威胁包括以下几点。

- 黑洞:网络流量最终被攻击者丢弃,但在丢弃之前也可能已经被攻击者窃听。
- 伪装:攻击者伪装成被劫持前缀,回应劫持到的流量,实施钓鱼攻击。
- 窃听:攻击者在窃听劫持流量之后,沿着保有的正确路由将流量转发到正确的目的地。

路由异常事件能导致互联网内容提供商 ICP 不能被正常访问。也能导致 ISP 的网络用户不能正常访问互联网。若劫持云基础设施,其上运行的所有服务将无法被访问。可以想象,在企业网向云端迁移的今天,重要的云服务提供商出现路由异常是巨大的安全隐患。

2.4.3 路由异常检测方法

根据检测方法使用数据方式的不同,路由异常检测方法可以分为数据平面方法、控制平面方法以及混合方法,近些年随着机器学习在异常检测领域的应用,基于机器学习的 BGP 异常检测方法也被广泛应用。

数据平面检测方法的核心思想为：通过使用硬件探测设备对网络信息进行探测，通过探测结果判断是否发生异常事件。该类系统有不同的探测方式及结果判断的方法，有系统通过分布在不同 AS 中的硬件探测设备对受监测的网络数据层状态进行持续探测，使用不同 AS 中的探测设备返回的结果观察到达目的前缀的路径信息是否符合前缀劫持特征。该类系统主要依赖探测设备对网络信息的探测结果，具有监测结果准确的优点，但部署成本高，延迟较高，若不限制探测频率会给域间路由系统增加很大压力。

控制平面劫持监测方法的核心思想为：使用 RIPE RIS 和 RouteViews 等路由采集平台提供的分布在全球各地的 BGP 域间路由数据采集点或搭建私有采集点采集 BGP 原始域间路由表和近实时的域间路由更新报文信息，通过分析 BGP 域间路由报文中的 IP 前缀信息实现对 BGP 前缀劫持事件的监测。该类系统具有轻量、易部署、实时性高、扩展性强、对域间路由系统不会产生干扰等优点，缺点在于所使用 BGP 域间路由报文数据量庞大，监测结果准确率低，需要获取可信域间路由数据用来验证异常事件监测结果。

复合劫持监测系统的核心思想为：综合前两种系统所使用的数据类型和方法，首先从控制平面对路由异常事件进行监测，在发现异常事件后通过主动探测的方法进行验证。该类系统相较于数据平面控制系统降低了延迟，也保证了准确性，但是仍存在数据平面监测系统的部署成本高和严重依赖探测设备部署情况等缺点。

基于监督学习的方法需要大量的标记数据来训练分类器，例如正常的路由和被劫持的路由。然后，将数据集分为训练集和测试集，并使用分类器来对新的路由进行分类。常用的分类器包括决策树、支持向量机、朴素贝叶斯等。这些分类器可以在不同的特征集上进行训练和测试，例如 AS 路径长度、BGP 属性等。该方法通常需要大量的标记数据，同时还需要选择合适的特征集和分类器来获得较好的性能。基于无监督学习的方法不需要标记数据，而是使用聚类或异常检测技术来检测异常路由。聚类技术可以将路由分成几个不同的群组，每个群组对应一组具有相似特征的路由。异常检测技术可以检测与已知路由不同的新路由。这种方法可以自动发现未知的劫持行为，但需要对数据的理解程度较高，同时也需要一些先验知识来设置聚类算法的参数。混合方法结合了监督学习和无监督学习的优点。首先，使用已知的数据集来训练分类器。然后，将分类器与异常检测技术结合使用，以检测未知的劫持行为。该方法可以减少误报和漏报的情况，同时也能够自动发现未知的劫持行为。基于深度学习的方法：该方法使用深度神经网络来学习网络中复杂的关系，以检测劫持事件。它可以处理非线性关系，同时也可以自动学习特征。然而，由于需要大量的数据和计算资源来训练深度神经网络，因此这种方法通常需要更多的资源和时间来实现。

2.5 常用系统介绍

2.5.1 BGP.He.net

BGP.He.net 系统是由 Hurricane Electric 公司开发的一种 BGP 路由知识库查询系统[52]。Hurricane Electric 运营着全球 IPv4 和 IPv6 网络,按连接的网络数量衡量,它被认为是世界上最大的 IPv6 主干网。在其全球网络中,Hurricane Electric 连接到 250 多个主要交换点,并直接与 9 200 多个不同的网络交换流量。依托其强大的网络和监测数据,BGP.He.net 提供了丰富的路由信息查询,可以帮助网络管理员实时查看 BGP 路由信息,快速发现和解决网络问题,保障网络的安全和稳定。其主页如图 2.22 所示。

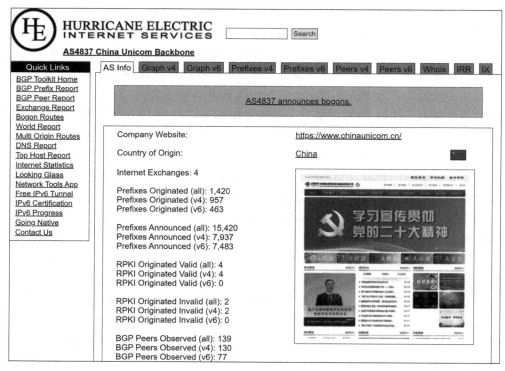

图 2.22　BGP.He.net 主页

BGP He.net 系统的主要功能包括以下几点。

（1）AS 信息查看：基于实时的路由报文数据，可以查看特定 AS 的路由宣告信息，包括宣告的 IPv4 前缀数量、宣告的 IPv6 前缀数量、宣告的具体前缀、IPv4 Peer 关系、IPv6 Peer 关系、IPv4 路由传播关系、IPv6 路由传播关系、WHOIS 信息、IRR 路由注册信息以及与交换中心的关系。

（2）IP 信息查看：提供了特定 IP 路由前缀与 AS 映射关系、WHOIS 对象信息、DNS 域名信息以及路由注册信息等。

（3）BGP 信息统计报告：报告全球网络发布的 IPv4 前缀数量时序图、IPv6 前缀数量时序图、各个国家的 AS 数量、各个国家发布的 IPv4 和 IPv6 前缀数量等。

（4）多源路由统计：提供了存在多个源 AS 的 IPv4 和 IPv6 前缀的信息以及前缀的源 AS 信息。

（5）DNS 信息统计：提供了所有顶级域名的统计信息。

2.5.2　BGP.Potaroo.net

BGP.Potaroo.net 是一个由 Geoff Huston 维护的 BGP 路由统计网站[53]。Geoff Huston 是一位知名的互联网技术专家和研究人员，目前在互联网号码分配机构 APNIC(Asia-Pacific Network Information Centre)担任首席科学家一职。他曾在澳大利亚国家科学院的计算机科学研究所工作，曾担任互联网架构委员会(IAB)和互联网工程任务组(IETF)的成员和主席，对互联网技术的发展和标准化做出了重要贡献。

BGP.Potaroo.net 界面简单直接，提供了多种有用的工具（如图 2.23 所示），可以查看互联网路由的基础统计信息，主要功能包括以下几点。

（1）路由表统计信息：通过分析 AS131072 和 AS6447 数据，统计路由表大小的相关指标（包括 IPv4 和 IPv6）、地址跨度指标、平均路径长度、多源 AS 宣告情况、前缀长度分布等，基本涵盖了 BGP 路由相关特性，对全球路由表情况、路由传输有详细的统计分析。

（2）IPv4 和 IPv6 地址分配数据：包括五大 RIR 地址分配情况统计，包括预留、指派、国家排行等数据。

（3）AS 号码分配情况：包括五大 RIR AS 号码分配和路由情况统计以及长时间粒度的分配情况。

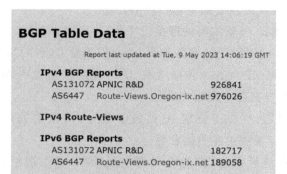

图 2.23　BGP.Potaroo.net 主要界面

2.5.3　BGPMon

　　BGPMon 是一个由思科公司提供的 BGP 监测平台,提供边界网关协议中的劫持、泄露和中断等告警[54]。依托于 BGPmon 每天分析数以亿计的 BGP 消息并使用这些 BGP 数据,检测大规模的中断和劫持,如图 2.24 所示。

Event type	Country	ASN	Start time (UTC)	End time (UTC)	More info
Outage		DNIC-ASBLK-00306-00371, US (AS 325)	2023-05-09 13:39:00		More detail
Possible Hijack		*Expected Origin AS:* SYMBOLICS, US (AS 5) *Detected Origin AS:* DSTL, EU (AS 7)	2023-05-09 13:08:07		More detail
Outage		Net Barretos Tecnologia LTDA - ME, BR (AS 262983)	2023-05-09 11:42:00		More detail
Possible Hijack		*Expected Origin AS:* ORBITAL-ASN County House, Station Approach, GB (AS 24916) *Detected Origin AS:* FCP-NETWORK, IR (AS 41689)	2023-05-09 10:47:10		More detail
Outage		Imatech Networks, S.A. de C.V., MX (AS 28524)	2023-05-09 10:25:00	2023-05-09 10:34:00	More detail
Possible Hijack		*Expected Origin AS:* IDT-AP 520 Broad Street, HK (AS 38580) *Detected Origin AS:* NET2PHONE, US (AS 7270)	2023-05-09 09:31:30		More detail
Possible Hijack		*Expected Origin AS:* ISI-AS, US (AS 4) *Detected Origin AS:* SYMBOLICS, US (AS 5)	2023-05-09 09:19:48		More detail
Outage		XINWEITELECOM-KH # 3BEo, Sangkat Beoun Prolit, Khan 7Makara, Phnom Penh., KH (AS 58424)	2023-05-09 08:25:00	2023-05-09 08:35:00	More detail
BGP Leak		*Origin AS:* ATLANTIQUE-TELECOM-NIGER, NE (AS 37205) *Leaker AS:* MAINONE, NG (AS 37282)	2023-05-09 08:04:12		More detail
Outage		LANDMARK-UNIVERSITY, NG (AS 327942)	2023-05-09 07:57:00		More detail

图 2.24 BGPStream 主要界面

BGPMon 主要功能包括以下几点。

（1）路由劫持监控：根据 BGPMon 提供的实时 BGP 报文流，能够对前缀劫持实时监测，提供路由劫持的详细信息，包括事件的开始时间、被劫持的前缀、发起劫持的 AS、被劫持的 AS 等。同时，可以根据图形化的事件回放功能查看劫持事件的具体信息。

（2）路由泄露监控：提供对路由泄露的监测支持，包括路由泄露的发生时间、路由泄露方 AS、传播方 AS、受影响前缀信息以及事件发生的路由变化等情况，可以根据图形化的事件回放功能查看泄露事件的具体信息。

（3）路由中断监控：提供了 AS 级别和国家级别的路由中断监测，根据每个自治域路由前缀回撤情况统计，监测 AS 级别和国家级别的中断。此项功能可以监测出 AS 或国家的中断开始时间和结束时间以及发生中断的前缀数量，同时，可以根据图形化的事件回放功能查看中断的具体信息。

（4）全球可视化路由安全态势视图：图形化的展示路由劫持、路由中断、路由泄露的分布情况。

第3章
互联网域间路由知识谱系

3.1 互联网号码资源分配

互联网号码资源包括互联网协议（Internet Protocol，IP）地址空间（IPv4 和 IPv6）和自治系统号码[55]。IP 地址是一个数字标识符，其中包含有关如何通过互联网路由系统到达网络设备位置的信息。每个直接连接到互联网的设备都必须有一个 IP 地址。每个 IP 地址都必须是唯一的，设备才能连接到互联网并相互连接。自治系统是一组使用单一且明确定义的路由策略的 IP 网络。ASN 是用于识别这些网络的全球唯一编号。互联网号码分配机构（Internet Assigned Numbers Authority，IANA）是一个标准组织，负责监督全球 IP 地址分配、自治系统号码分配、域名系统中的根区域管理、媒体类型和其他互联网协议相关符号和互联网号码[56]。互联网名称与数字地址分配机构（Internet Corporation for Assigned Names and Numbers，ICANN）是一个非盈利性国际组织，行使 IANA 的职能，负责协调与互联网名称空间和数字空间相关的多个数据库的维护和程序，保障网络稳定安全运行[57]。

区域互联网注册管理机构（Regional Internet Registry，RIR）是管理世界某个区域内互联网号码资源分配和注册的组织。RIR 通过号码资源组织（Number Resource Organization，NRO）进行非正式联络，该组织是处理具有全球重要性的事务的协调机构。ICANN 将大量互联网号码资源（IPv4、IPv6、ASN）分配给五个区域互联网注册管理机构 RIR：AFRINIC、APNIC、ARIN、LACNIC 和 RIPE NCC。此外，五个地区互联网注册管理机构将号码资源委托给他们的会员用户、国家互联网注册管理机构（National Internet Registry，NIR）、本地互联网注册管理机构（Local Internet Registry，LIR）、互联网服务提供商和最终用户组织，整个分配体系是一个层次化的分配链条。五大 RIR 详细信息如表 3.1 所示。

表 3.1　五大 RIR 信息

RIR 名称	服务区域	成立年份
APNIC	服务亚太地区	1993 年
RIPE NCC	服务于欧洲、中亚和中东	1992 年
ARIN	服务于北美地区	1997 年
LACNIC	服务于南美洲和加勒比地区	2001 年
AFRINIC	服务非洲地区	2005 年

3.1.1　AS 号码分配

自治系统是一个有权自主地决定在本系统中应采用何种路由协议的小型单位。这个网络单位可以是一个简单的网络也可以是一个由一个或多个普通的网络管理员来控制的网络群体。一个自治系统有时也被称为是一个路由选择域,代表单个管理实体或域的一个或多个网络运营商的控制下连接互联网 IP 路由前缀的集合,它向互联网提供通用且明确定义的路由策略。一个自治系统将会分配一个全局的唯一的号码,这个号码称为自治系统号(ASN)。

ASN 由 ICANN 分块分配给 RIR。然后,适当的 RIR 从分配的块中将 ASN 分配给其指定区域内的实体。希望获得 ASN 的实体必须完成其 RIR、LIR 或上游服务提供商的申请流程。2007 年以前,AS 号码被定义为 16 位整数,最多分配范围为 0～65 535 次分配。随着互联网飞速发展,16 位的 ASN 资源已经面临分配耗尽的风险,2007 年,RFC 4893 引入了 32 位 AS 编号,目前该提议标准现已被 RFC6793 取代。此格式提供 4 294 967 296 个 ASN(0～4 294 967 295)。IANA 保留了 94 967 295 个 ASN(4 200 000 000～4 294 967 294)块供私人使用,ASN 分配使用规则如表 3.2 所示。

表 3.2　AS 分配使用规则

编号	比特数	描述	参考
0	16	为 RPKI 未分配空间无效保留	RFC 6483,RFC 7607
1～23 455	16	公共 AS 编号	
23 456	16	为 AS Pool 过渡保留	RFC 6793
23 457～64 495	16	公共 AS 编号	
64 496～64 511	16	保留在文档和示例代码中使用	RFC 5398
64 512～65 534	16	保留为私有 AS 使用	RFC 1930,RFC 6996

编号	比特数	描述	参考
65 535	16	保留	RFC 7300
65 536～65 551	32	保留在文档和示例代码中使用	RFC 5398,RFC 6793
65 552～131 071	32	保留	
131 072～4 199 999 999	32	公共 32 位 AS 编号	
4 200 000 000～4 294 967 294	32	保留为私有 AS 使用	RFC 6996
4 294 967 295	32	保留	RFC 7300

　　每个自治域都有其归属的特定的组织机构,同样的,每个组织机构也会同时拥有多个自治域。例如中国电信用于互联网通信自治域系统为 AS4134,同样的,为了管理其他省网或者 IDC 机房,中国电信也拥有多达 400 多个自治域号码,用来管理其不同类型的网络。

　　自治域号码资源在一定程度上反映了一个国家甚至是一个机构的网络结构和互联互通能力。截至 2022 年年底,全球共分配 AS 数量 122 877 个,其中 APNIC(29 335 个),ARIN(33 601 个), RIPE NCC(42 536 个) AFRINIC(3 326 个) LACNIC(14 079 个),在国家分配排行中,美国(29 066 个),巴西(8 794 个),中国(6 350 个),分别位列前三。全球自治域号码分配如表 3.3 所示。

表 3.3　全球自治域号码分配

Rank	分配国家简称	分配数量	国家	占比
1	US	29 941	美国	26.32%
2	BR	8 926	巴西	7.85%
3	CN	6 525	中国	5.74%
4	RU	5 850	俄罗斯联邦	5.14%
5	IN	5 448	印度	4.79%
6	ID	2 986	印度尼西亚	2.62%
7	GB	2 976	英国	2.62%
8	DE	2 927	德国	2.57%
9	AU	2 844	澳大利亚	2.50%
10	PL	2 538	波兰	2.23%

　　自治域号码资源是构建域间路由知识谱系的根基,它为域间路由资源提供了基础索引,通过跟踪每日自治域号码资源的分配情况,可以实时掌握国家以及相关组织机构实体自治域号码资源量,为路由异常事件检测和定位提供了数据支撑。

3.1.2 IP 地址分配

IPv4 和 IPv6 地址通常以地址块的形式按分层方式分配。终端用户由 ISP 分配 IP 地址块,ISP 从本地互联网注册机构(LIR)或国家互联网注册机构(NIR)或相应的区域互联网注册机(RIR)获取 IP 地址块分配。以 APNIC 分配地址空间为例,IANA 将地址空间分配给 APNIC,以便在整个亚太地区重新分配。APNIC 为 IR 分配地址空间,并授权他们进行指派和分配。在某些情况下,APNIC 会将地址空间分配给最终用户。国家和地方 IR 在 APNIC 的指导下并根据各种相关政策和程序为其成员和客户分配地址空间,地址分配层次结构如图 3.1 所示。其中 IR 包括以下几点。

（1）地区注册机构(RIR)

RIR 是在 IANA 的授权下建立的,服务于并代表广大的地理区域。他们的主要目标是在各自区域内管理、分发和注册公共互联网地址空间。当前的 RIR 包括:APNIC、RIPE、ARIN、LACNIC、AFRINIC。

（2）国家互联网注册机构(NIR)

NIR 主要为其成员分配地址空间,这些成员通常在国家层面组织。NIR 应公平公正地将其政策和程序应用于其选区的所有成员。

（3）本地互联网注册机构(LIR)

LIR 通常是 ISP,可以将地址空间分配给自己的网络基础设施和网络服务的用户。LIR 客户可能是其他下游 ISP,他们进一步为自己的客户分配地址空间。

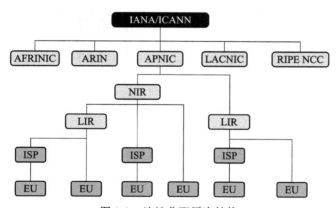

图 3.1 地址分配层次结构

地址分配在层次化分配过程中也存在不同状态,主要包括以下几点。

（1）分配(Allocation)

分配的地址空间是分配给 IR 或其他组织以供其后续分配的地址空间。

（2）LIR 的子分配（Sub-Allocation）

LIR 可以将地址空间再分配给其下游客户,这些客户正在运营网络,如 ISP,但须满足以下条件:

① 子分配是不可移植的,如果下游客户停止接收来自 LIR 的连接,则必须将其返回给 LIR。

② 从 LIR 接收子分配的下游客户不允许进一步子分配地址空间。

（3）指派（Assignment）

分配的地址空间是指派给 ISP 或最终用户的地址空间,用于在他们运营的互联网基础设施中进行特定使用,不得再分配。

图 3.2 所示为 APNIC 分配一个/8 IPv4 地址的分配过程,国家 IR 和地方 IR 一般是 APNIC 的会员单位[58]。APNIC 将/8 地址前缀切分成更小的粒度（如/22 前缀）分配给直接的会员单位,然后这个会员单位进一步将地址块切分为更小粒度（如/24 前缀）分配给下游单位或者直接分配给终端用户,下游单位最后将更细粒度的地址块最终指派给终端用户。这样的分配机制形成了一个 IP 地址分配链条,在这个链条上,每个地址块都有特定的维护机构,这种层次化的维护关系在一定程度上反映了 IP 地址的分配和使用关系,清晰的 IP 地址分配和使用关系对路由异常检测事件源头定位有重要作用。

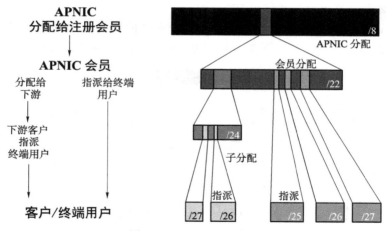

图 3.2　APNIC 地址分配

五大 RIR 提供了每日更新的 IPv4、IPv6 和 AS 号分配的信息表,通过这些数据文件可以获得以国家为单位的 IP 地址空间和自治系统号码资源分配情况。数据文件下载链接如表 3.4 所示。

表 3.4　五大 RIR 号码资源数据文件

RIR	分配文件下载链接	更新频度
APNIC	https://ftp.ripe.net/pub/stats/apnic/delegated-apnic-extended-latest	每天
AFRINIC	https://ftp.ripe.net/pub/stats/afrinic/delegated-afrinic-extended-latest	每天
ARIN	https://ftp.ripe.net/pub/stats/arin/delegated-arin-extended-latest	每天
LACNIC	https://ftp.ripe.net/pub/stats/lacnic/delegated-lacnic-extended-latest	每天
RIPE	https://ftp.ripe.net/pub/stats/ripencc/delegated-ripencc-extended-latest	每天

3.2　互联网号码资源数据库

全球互联网号码资源由互联网号码分配机构(IANA)分配给五个区域互联网注册管理机构(RIR)。各大 RIR 管理各自服务区域内的互联网号码资源的详细信息。IANA 负责确保整套互联网号码资源的唯一性。五大 RIR 共同维护互联网号码资源数据库。数据库中的详细信息由 RIR 和这些资源的注册人共同维护,这些注册人一般为各大 RIR 的会员单位。通过注册资源及其注册者和维护者相关的信息,确保互联网号码资源使用的唯一性,提供这些资源准确的注册信息以满足各种运营需求,并且提供网络运营商发布路由策略,促进网络运营商之间的协调(网络问题解决、中断通知等),将互联网号码资源注册纠纷当事人信息提供给依法有权接收信息的当事人等。总体来说,互联网号码资源数据库可以分为互联网号码注册信息库和互联网路由注册信息库。

信息库中的记录称为"对象"。路由策略规范语言(Routing Policy Specification Language,RPSL)定义了数据对象的基本语法,该规范在 RFC2622 中描述[59]。规范语言中定义了许多类型的对象并在 RPSL 对象类型部分中进行了描述。对象包含与互联网号码资源管理功能相关的一条信息。所有对象都具有相同的结构,它们包含一组纯文本形式的"属性值"对。这些"属性值"对可以采用不同的形式,属性有时被称为"键"。对象类型的每个实例都由主键唯一定义。对于大多数对象类型,主键通常是第一个属性的值。在某些情况下,它是不同的属性值或多个属性值的组合。主键只需要在对象类型中是唯一的。不同类型的对象有时可以具有相同的主键,只要该键符合两种对象类型的语法即可。属性名称具有精确定义的语法,并且仅使用字母数字和字符以及连字符(-)。它们不区分大小写,但软件会将它们全部转换为小写。属性名称后面跟一个冒号,然后是属性值。第一个属性必须与对象类型同名。对象可以引用其他对象,必须遵循这些引用才能获得互联网号码资源的完整描述。对象可以分配以下几种类型:

（1）IP 地址空间的分配（IP 地址注册或 INR）；

（2）路由策略信息（Internet 路由注册表或 IRR）；

（3）联系信息（注册为网络或路由器运营中使用的互联网资源联系人的人员及其组织的详细信息）。

对象自然分为两类，主要对象和次要对象。主要对象包含操作数据，例如 inetnum 和 aut-num 对象保存互联网号码资源信息。此外，route 对象包含路由策略的详细信息。次要对象为主要对象提供支持和管理细节。例如，人物对象保存与互联网号码资源相关的某人的联系信息。或者组织对象保存资源所有者的详细信息。互联网信息资源主要对象描述如表 3.5 所示。

表 3.5　互联网信息资源主要对象描述

对象名	对象描述
as-block	显示授权给地区和 NIR 的 AS 号码的范围。用来防止未授权 autnum 对象的产生
as-set	一组有相同路由策略的自治域
aut-num	包含自治域的注册持有者的详细信息及其路由策略
filter-set	定义要应用到一组路由的策略筛选器
inet6num	包含 IPv6 地址空间的分配细节
inetnum	包含 IPv4 地址空间的分配细节
inet-rtr	表示路由注册表中的网络路由器
irt	irt 对象是用来供有关计算机安全事件响应小组的信息。计算机安全事件响应小组专门回应计算机安全事件报告和活动
key-cert	在执行对象更新时存储用于 mntner 对象的证书进行身份验证
mntner	包含可对 APNIC Whois 数据库对象进行更改的授权代理的详细信息。还包括验证进行更改人员有权这样做的过程的详细息
organization	仅包含有关组织的商业信息
peering-set	定义对象的对等属性
person	包含负责被引用对象的技术或管理联系人的详细信息
role	包含由角色代表的技术或行政联系的详细信息，由组织中的一个或多个人执行，例如帮助台或网络操作中心
route	表示注入 Internet 中的单个 IPv4 路由
route6	表示注入 Internet routing mesh 中的单个 IPv6 路由
route-set	定义可由 route 对象或地址前缀表示的一组路由
rtr-set	定义一组路由器

另外一种数据格式是 SWIP 格式[60]。ARIN 主要使用 SWIP，但也有一些数据使用 RPSL。LACNIC 也使用了 SWIP。其余的 RIR 只使用 RPSL。

3.2.1 互联网号码注册信息库

互联网号码注册信息库包含 RIR 最初分配给成员的 IP 地址和 AS 编号的注册详细信息。它显示了哪些组织或个人目前拥有哪些互联网号码资源,分配时间和联系方式。信息库中的这些详细信息由 RIR 和这些资源的注册人共同维护。信息库还包含注册人从这些资源中进行的子分配和分配的详细信息、对此信息进行更改的日期,并且还提供了一些历史信息。这些信息主要使用 inetnum/inetnum6 和 aut-num 对象保存互联网号码资源信息。aut-num 对象在数据库中有双重用途。作为 RIPE 互联网号码注册的一部分,它包含由 RIPE NCC 分配的自治系统号码资源的注册详细信息。作为 Internet 路由注册表的一部分,它允许发布路由策略。它指的是一组具有单一且明确定义的外部路由策略的 IP 网络,由一个或多个网络运营商运营。

inetnum/inetnum6 对象包含有关分配和分配 IPv4 地址和 IPv6 空间资源的信息,是互联网号码资源信息库的主要元素之一,其字段含义表如表 3.6 所示。

表 3.6 inetnum/inetnum6 字段含义表

字段名	字段含义	属性类型
inetnum/ inetnum6	地址对象的 IPv4 和 IPv6 地址空间范围,该范围可以是一个或多个地址	强制属性
netname	IP 地址空间范围的名称	强制属性
descr	对 inet6num 中显示的前缀的所属组织的描述	强制属性
country	admin-c 所在国家或经济体的两字母 ISO 3166 代码	强制属性
org	持有此资源的组织机构 ID,此 ID 指向 organization 对象	强制属性
admin-c	相关管理负责人员 ID,此 ID 指向 person 对象	强制属性
tech-c	相关技术负责人员的 ID,此 ID 指向 person 或 role 对象	强制属性
abuse-c	一个滥用联系人对象,维护的邮箱允许发送有关滥用行为、安全问题等的手动或自动报告	强制属性
status	地址分配的状态,分配、子分配或者指派等	强制属性
mnt-by	用于授权和验证对此对象的更改的已注册的"mntner"对象	强制属性
mnt-irt	已注册"mntner"对象的标识符,用于提供有关计算机安全事件响应小组(CSIRT)的信息	强制属性
last-modified	系统生成的时间戳,用于反映上次修改对象的时间	强制属性
source	数据来源	强制属性
geoloc	此网络用户所在位置的纬度/经度坐标	可选属性

字段名	字段含义	属性类型
language	两字母 ISO 639-1 表示该网络的用户可以理解的语言	可选属性
remarks	一般评论信息	可选属性
notify	应将此对象的更改通知发送到的电子邮件地址	可选属性
mnt-lower	若维护者有等级制度,则 mnt-lower 与"mnt-by"一起使用	可选属性
mnt-routes	已注册"mntner"对象的标识符,用于控制与 inet6num 对象指定的地址范围关联的"route6"对象的创建	可选属性

  inetnum 对象涵盖了信息库中的许多不同类型的数据,以层次结构排列,反映了 IP 地址分配的层次化链条。可以以分配形式进行分区以匹配成员组织的业务结构,或者可以将其中的一部分再分配给另一个组织,最后,它的任何部分都可以分配给最终用户。同样的,指派是层次结构的该部分的最低级别或终点。所有这些级别都可以通过状态值来识别。inetnum 对象使用 mntner 对象进行保护,如果对象在对象中包含对 mntner 的引用,则对象受 mntner 保护。这是通过包含"mnt-by:"属性来完成的。其他"mnt-xxx:"属性提供分级保护。"mnt-by:"属性在所有对象类型中都是强制性的。"mnt-lower:""mnt-routes:"和"mnt-domains:"属性都提供分层授权。当一个对象中包含多个值时,它们也适用于逻辑"或"。在这些属性有效的对象描述中描述了如何使用它们。inetnum 对象数据案例如图 3.3 所示。

```
inet6num:        2001:0DB8::/32
netname:         EXAMPLENET-AP
descr:           Example net Pty Ltd
country:         AP
admin-c:         DE345-AP
tech-c:          DE345-AP
status:          ALLOCATED PORTABLE
notify:          abc@examplenet.com
mnt-by:          MAINT-EXAMPLENET-AP
mnt-lower:       MAINT-EXAMPLENET-AP
mnt-routes:      MAINT-EXAMPLENET-AP
mnt-irt:         IRT-EXAMPLENET-AP
last-modified:   2018-08-30T07:50:19Z 20101231
source:          APNIC
```

图 3.3 inet6num 对象实例

  person 对象提供有关真实人物的信息,以 admin-c 或者 tech-c 引入引用。最初的意图是,这应该只用于负责与信息库中注册的互联网资源相关的技术或管理问题的联系人。然而,许多资源拥有者使用的商业模式也是记录已分配资源的最终用户客户。其目的之一被定义为资源管理人员的联系人数据库。person 对象包括了技术人员或管理人员的详细信息,主要属性包括有 person、address、country 和 nic-hdl 等,各字段对应的含义如表 3.7 所示。person 对象数据案例如图 3.4 所示。

表 3.7　person 字段含义表

字段名	字段含义	属性类型
person	管理、技术或区域联系人的全名	强制属性
address	此人的完整邮政地址	强制属性
phone	此人的电话号码	强制属性
email	此人的电子邮箱	强制属性
nic-hdl	数据库生成的 NIC 柄,唯一标识	强制属性
mnt-by	用于授权和验证对此对象的更改的已注册的"mntner"对象	强制属性
last-modified	系统生成的时间戳,用于反映上次修改对象的时间	强制属性
source	数据来源	强制属性
country	所在国家或经济体的两个字母 ISO 3166 代码	可选属性
fax-no	组织业务的传真号码	可选属性
remarks	一般评论信息	可选属性
notify	应将此对象的更改通知发送到的电子邮件地址	可选属性

```
person:        Albert Brooke Crichton
address:       123 Example st.
address:       20097 Exampletown
country:       AU
phone:         +12 34 567890 000
fax-no:        +12 34 567890 010
e-mail:        abc@examplenet.com
nic-hdl:       ABC123-AP
notify:        abc@examplenet.com
mnt-by:        MAINT-EXAMPLENET-AP
last-modified  2018-08-30T07:50:19Z
source:        APNIC
```

图 3.4　person 对象案例

　　组织机构对象提供有关已在信息库中注册 Internet 资源的组织机构的信息。这可能是一家公司、非盈利组织或个人。它是作为一种将与一个组织相关的所有人力资源和互联网资源链接在一起的方法而引入的。该对象是管理信息库中数据的中心起点。所有其他对象都与此对象相关。如管理任何资源的任何方面,应该有一个组织机构对象,以便其他人知道是谁、维护什么以及如何联系。组织机构对象应该只包含业务信息。即使该组织是个人，也不应包含任何个人信息。属性主要有 organization、org-name、address 和 e-mail 等，各字段对应的含义如表 3.8 所示。organization 对象案例如图 3.5 所示。

表 3.8　organization 字段含义表

字段名	字段含义	属性类型
organization	组织机构对象的标识符	强制属性
org-name	组织机构的名称	强制属性
country	admin-c 所在国家或经济体的两个字母 ISO 3166 代码	强制属性
address	组织机构的完整邮政地址	强制属性
e-mail	业务电子邮箱	强制属性
mnt-ref	一个滥用联系人对象	强制属性
mnt-by	用于授权和验证对此对象的更改的已注册的"mntner"对象	强制属性
last-modified	系统生成的时间戳，用于反映上次修改对象的时间	强制属性
source	数据来源	强制属性
descr	组织的简短描述	可选属性
phone	业务电话	可选属性
fax-no	组织业务的传真号码	可选属性
org	持有此资源组织机构 ID，此 ID 指向 organization 对象	可选属性
admin-c	相关管理负责人员 ID，此 ID 指向 person 对象	可选属性
tech-c	相关技术负责人员的 ID，此 ID 指向 person 或 role 对象	可选属性
ref-nfy	添加或删除对组织对象的引用时将发送通知的电子邮件地址	可选属性
notify	应将此对象的更改通知发送到的电子邮件地址	可选属性

```
organization:      ORG-APNIC1-AP
org-name:          Asia Pacific Network Information Centre
descr:             Regional Internet Registry for the Asia Pacific region
country:           AU
address:           6 Cordelia Street, South Brisbane, QLD 4101, Australia
phone:             +61 7 3858 3100
fax-no:            +61 7 3858 3199
e-mail:            helpdesk@apnic.net
mnt-ref:           APNIC-HM
notify:            helpdesk@apnic.net
mnt-by:            APNIC-HM
last-modified:     2018-08-30T07:50:19Z
Source:            APNIC
```

图 3.5　organization 对象案例

3.2.2 互联网路由注册信息库

互联网路由注册信息库(Internet Routing Registry , IRR)是全球分布的数据库的一部分,网络运营商可以通过该数据库发布他们的路由策略和路由公告,以便其他网络运营商可以使用这些数据。IRR 成立于 1995 年,其目的是通过在网络运营商之间共享信息来确保整个互联网路由的稳定性和一致性。IRR 实际上由几个数据库组成,网络运营商在这些数据库中发布他们的路由策略和路由公告,以便其他网络运营商可以使用这些数据。IRR 包含以通用格式发布的路由和路由策略,网络运营商可以使用这些格式来配置其主干路由器,主要作用包括以下几点。

(1)路由过滤

可以根据注册的路由过滤流量,防止因意外或恶意路由通告引起的网络问题。对等点同意仅根据注册路由进行过滤的对等网络。如果一个对等体的路由没有注册,它将被过滤。在提供商和客户的网络中,提供商保护其网络免受其客户的意外路由通告,客户必须在提供商之前注册其路线。

(2)网络故障排除

网络故障排除路由注册表可以更轻松地识别网络外部的路由问题。使用与有问题的路由关联的 ASN 的联系人来解决流量问题。

(3)路由器配置

使用 IRRToolset 等工具可以创建路由器配置。对 CIDR 聚合以及检查 aut-num 对象及其路由。

(4)互联网全局视图

如果所有网络都在 IRR 中注册了它们的路由,则可以映射路由策略的全局视图。这种全球图景可以显著提高全球互联网路由的完整性。

负责存储路由注册信息的对象主要包括 aut-num 对象、route\route6 对象、as-set 对象、route-set 对象等。aut-num 对象在数据库中有双重用途。作为互联网号码注册信息库的一部分,它包含由分配的自治系统号码资源的注册详细信息。作为互联网路由注册表的一部分,它允许发布路由策略。它指的是一组具有单一且明确定义的外部路由策略的 IP 网络,由一个或多个网络运营商运营。这是在信息库中跨越这两个注册表的唯一主要对象。aut-num 对象含义表如表 3.9 所示。aut-num 对象案例如图 3.6 所示。

表 3.9 aut-num 对象含义表

字段名	字段含义	属性类型
aut-num	自治系统编号	强制属性
as-nam	AS 的描述性名称	强制属性
org	持有此资源组织机构 ID,此 ID 指向 organization 对象	强制属性
admin-c	相关管理负责人员 ID,此 ID 指向 person 对象	强制属性
tech-c	相关技术负责人员的 ID,此 ID 指向 person 或 role 对象	强制属性
abuse-c	一个滥用联系人对象,维护的邮箱允许发送有关滥用行为、安全问题等的手动或自动报告	强制属性
mnt-by	用于授权和验证对此对象的更改的已注册的"mntner"对象	强制属性
last-modified	系统生成的时间戳,用于反映上次修改对象的时间	强制属性
source	数据来源	强制属性
country	admin-c 所在国家或经济体的两字母 ISO 3166 代码	可选属性
member-of	引用这个 AS 希望成为其成员的集合对象	可选属性
import	指定 AS 的路由策略	可选属性
mp-import	指定 AS 的多播路由策略	可选属性
export	指定 AS 的路由策略	可选属性
mp-export	指定 AS 的多播路由策略	可选属性
default	指定 AS 的路由策略	可选属性
mp-default	指定 AS 的多播路由策略	可选属性
remarks	一般评论信息	可选属性
notify	应将此对象的更改通知发送到的电子邮件地址	可选属性
mnt-lower	若维护者有等级制度,则 mnt-lower 与"mnt-by"一起使用	可选属性
mnt-routes	路由维护对象	可选属性

aut-num 对象的"import""export"和"default"字段指定 AS 的路由策略,具体案例如图 3.7 所示。图 3.7 所示为路由策略,AS4 为 AS5、AS10 提供中转,AS4 向 AS123 提供本地路由。

aut-num:	AS64496
as-name:	AS-EXAMPLENET
descr:	ASN for Example Net Pty Ltd
country:	AU
org:	ORG-EXAMPLENET-AP
import:	AS64500
export:	AS64494
admin-c:	DE345-AP
tech-c:	DE345-AP
abuse-c:	DE345-AP
notify:	noc@example.com
mnt-lower:	MAINT-EXAMPLENET-AP
mnt-routes:	MAINT-EXAMPLENET-AP
mnt-by:	MAINT-EXAMPLENET-AP
mnt-irt:	IRT-EXAMPLENET-AP
last-modified:	2018-08-30T07:50:19Z
source:	APNIC
role:	D EXAMPLENETADMIN
address:	123 Example st.
address:	20097 Exampletown
country:	AU
phone:	+12 34 567890 000
fax-no:	+12 34 567890 010
e-mail:	noc@examplenet.com
admin-c:	ABC123-AP
tech-c:	ABC123-AP
nic-hdl:	DE345-AP
remarks:	http://www.examplenet.com.au
notify:	hostmaster@examplenet.com.au
mnt-by:	MAINT-EXAMPLENET-AP
last-modified:	2018-08-30T07:50:19Z
source:	APNIC

图 3.6　aut-num 对象案例

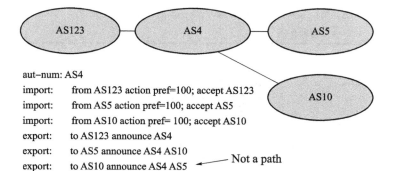

aut−num: AS4

import:　　from AS123 action pref=100; accept AS123
import:　　from AS5 action pref=100; accept AS5
import:　　from AS10 action pref= 100; accept AS10
export:　　to AS123 announce AS4
export:　　to AS5 announce AS4 AS10
export:　　to AS10 announce AS4 AS5

图 3.7　路由策略

路由对象 route/route6 包含 IPv4 地址空间资源的路由信息。这是互联网路由注册信息库的主要元素之一。可以使用 IPv4 地址的路由对象指定由自治系统发起的每个 interAS 路由（也称为域间路由）。路由对象的主要属性如表 3.10 所示。route6 对象的实际案例如图 3.8 所示。

表 3.10　route6 字段含义表

字段名	字段含义	属性类型
route6	IPv6 路由前缀	强制属性
descr	与对象相关的简短描述	强制属性
origin	前缀归属的 AS 编号	强制属性
mnt-by	用于授权和验证对此对象更改的已注册的"mntner"对象	强制属性
last-modified	系统生成的时间戳,用于反映上次修改对象的时间	强制属性
source	数据来源	强制属性
country	admin-c 所在国家或经济体的两字母 ISO 3166 代码	可选属性
holes	通过 IPv6 路由不可达的地址前缀	可选属性
member of	标识一个 route-set 对象,此 route6 对象为其成员	可选属性
inject	指定哪些路由器执行聚合以及何时执行聚合	可选属性
aggr-mtd	指定路由聚合的生成方式	可选属性
aggr-bndry	构成聚合边界的自治系统的集合	可选属性
export-comps	指定 RPSL 过滤器,用于匹配需要导出到聚合边界外的更具体路由	可选属性
components	用来组成聚合的组件路由	可选属性
remarks	一般评论信息	可选属性
notify	应将此对象的更改通知发送到的电子邮件地址	可选属性
mnt-lower	若维护者有等级制度,则 mnt-lower 与"mnt-by"一起使用	可选属性
mnt-routes	已注册的 mntner 对象的标识符,用于控制比该 route6 对象更具体的 route6 对象的创建	可选属性

```
route6:         2001:0DB8::/32
descr:          route object for 2001:0DB8::/32
origin:         AS1234
mnt-lower:      MAINT-EXAMPLENET-AP
mnt-routes:     MAINT-EXAMPLENET-AP
mnt-by:         MAINT-EXAMPLENET-AP
last-modified:  2018-08-30T07:50:19Z
source:         APNIC
```

图 3.8　route6 对象的实际案例

使用路由对象来帮助配置网络的路由器。route 对象与 aut-num 和其他相关对象相结合,可用于以紧凑的形式描述用户的路由策略。与读取长配置文件相比,这可以帮助网络更轻松地识别路由策略错误和遗漏。

as-set 对象允许将具有相似属性的 AS 编号分组。可以引用单个 as-set 对象,而不是在 aut-num 对象的导入和导出属性中引用许多单独的 AS 编号。as-set 字段含义表如表 3.11 所示。as-set 对象案例如图 3.9 所示。

表 3.11　as-set 字段含义表

字段名	字段含义	属性类型
as-set	一组 aut-num 对象的名字	强制属性
descr	与对象相关的简短描述	强制属性
tech-c	相关技术负责人员的 ID,此 ID 指向 person 或 role 对象	强制属性
admin-c	相关管理负责人员 ID,此 ID 指向 person 对象	强制属性
mnt-by	用于授权和验证对此对象的更改的已注册"mntner"对象	强制属性
last-modified	系统生成的时间戳,用于反映上次修改对象的时间	强制属性
source	数据来源	强制属性
country	admin-c 所在国家或经济体的两字母 ISO 3166 代码	可选属性
members	as-set 的成员,可以是 AS 号或 AS 组	可选属性
mbrs-by-ref	已注册的"mntner"对象的标识符,用于间接向 as-set 添加成员	可选属性
remarks	一般评论信息	可选属性
notify	应将此对象的更改通知发送到的电子邮件地址	可选属性
mnt-lower	若维护者有等级制度,则 mnt-lower 与"mnt-by"一起使用	可选属性

```
as-set:          AS12345:AS-EXAMPLENET
descr:           EXAMPLENET-AS-SET
country:         AU
members:         AS6789, AS9876
remarks:         Peering AS
tech-c:          DE345-AP
admin-c:         DE345-AP
notify:          noc@examplenet.com
mnt-by:          MAINT-EXAMPLENET-AP
last-modified:   2018-08-30T07:50:19Z
source:          APNIC
```

图 3.9　as-set 对象案例

route-set 对象是一组路由前缀,而不是一组数据库路由对象。集合可以用分层名称构建,也可以包括对其他集合的直接引用。也可以通过使用"mbrs-by-ref:"

属性间接进行引用。route-set 字段属性如表 3.12 所示。route-set 对象案例如图 3.10 所示。

表 3.12　route-set 字段含义表

字段名	字段含义	属性类型
route-set	一组 route-set 的名字	强制属性
descr	与对象相关的简短描述	强制属性
tech-c	相关技术负责人员的 ID,此 ID 指向 person 或 role 对象	强制属性
admin-c	相关管理负责人员 ID,此 ID 指向 person 对象	强制属性
mnt-by	用于授权和验证对此对象的更改的已注册的"mntner"对象	强制属性
last-modified	系统生成的时间戳,用于反映上次修改对象的时间	强制属性
source	数据来源	强制属性
members	组成 route-set 的 AS 成员	可选属性
mbrs-by-ref	已注册的"mtnner"对象的标识符,用于间接向 route-set 添加成员	可选属性
member-of	标识此 route-set 所属的 route-set 对象	可选属性
remarks	一般评论信息	可选属性
notify	应将此对象的更改通知发送到的电子邮件地址	可选属性
mnt-lower	若维护者有等级制度,则 mnt-lower 与"mnt-by"一起使用	可选属性

```
route-set:       AS1:RS-CUSTOMERS
descr:           EXAMPLE
members:         202.137.181.0/22, 203.1.0.0/24, 203.2.0.0/23
tech-c:          DE345-AP
admin-c:         DE345-AP
notify:          abc@examplenet.com
mnt-by:          MAINT-EXAMPLENET-AP
mnt-lower:       MAINT-EXAMPLENET-AP
last-modified:   2018-08-30T07:50:19Z
source:          APNIC
```

图 3.10　route-set 对象案例

互联网号码注册信息库对象和互联网路由注册信息库对象之间存在链接,以便授权创建这些 route 对象。因此,原始 ASN 必须在信息库中表示。数据对象的关联关系类似传统数据库中的 ER 图,相互之间穿插引用,甚至包含层次关系。如 intetnum 和 route 的对象,主键可能不完全对齐,甚至存在包括关系,这种关系一定程度上反映了地址的分配关系和使用关系。对象间关系如图 3.11 所示。

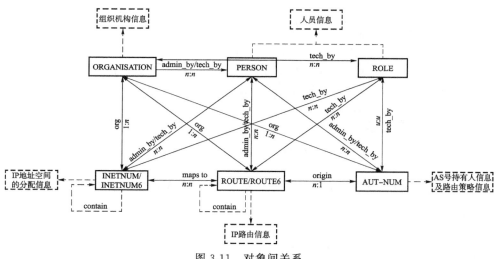

图 3.11   对象间关系

3.2.3   WHOIS 信息查询协议

WHOIS(发音为短语"who is")是一种查询和响应协议,广泛用于查询存储互联网信息资源的数据库,例如域名、IP 地址块或自治系统,但也用于更广泛的其他信息。该协议以人类可读的格式存储和传送数据库内容。WHOIS 协议的当前版本由互联网协会起草,并记录在 RFC 3912 中[61]。WHOIS 也是大多数 UNIX 系统上用于进行 WHOIS 协议查询的命令行实用程序的名称。WHOIS 服务由所有区域互联网注册机构提供,例如 ARIN、大多数互联网路由注册机构(IRR)以及大多数域名注册机构和注册商。例如 APNIC WHOIS 数据库是一个可公开搜索的数据库,其中包含亚太地区 APNIC 管理范围内的数字互联网资源记录,特别是 IP 地址空间分配和分配以及 ASN。ARIN 的 WHOIS 服务也是一种公共资源,允许用户检索有关 IP 号码资源、组织、客户和其他实体的信息。WHOIS 数据库与 IRR 数据库关系如图 3.12 所示。

一般情况下,各大洲 RIR 的 WHOIS 服务会将互联网号码资源信息库和互联网路由注册信息库整合到一个数据库中,以对象为基础,提供 IP、自治域、路由策略的查询服务,可以帮助网络管理员提供以下服务:

(1)可以用这个数据库来追查来源,查看网络滥用情况,包括 IP 地址、ASN、反向域、路由策略等。

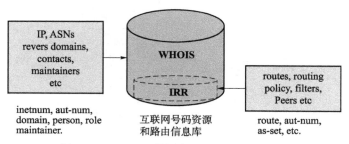

图 3.12　WHOIS 数据库与 IRR 数据库关系

（2）能找到相关网络的管理员联系方式，通过协商快速解决路由故障问题和地址滥用。

3.2.4　RDAP 注册数据访问协议

WHOIS 已成为访问注册数据的标准超过 35 年。在 ICANN 存在的大部分时间里，社群一直在讨论与注册数据相关的问题，并随着时间的推移确定了现有技术的局限性。这些局限性包括认证加密、搜索以及标准化重定向问题。注册数据访问协议（称为 RDAP）由互联网工程任务组（IETF）的技术社区创建，作为 WHOIS 协议的最终替代品。RDAP 使用户能够访问当前的注册数据，旨在帮助解决 WHOIS 协议的局限性。RDAP 是作为 WHOIS 系统的继任者创建的，最终有望取代 WHOIS 作为 IP 地址、域名、自治系统和许多其他注册数据的官方来源。RDAP 使用 HTTP RESTful 接口并实现了一系列额外的安全特性、国际化特性和统一的查询/响应定义。RDAP 与 WHOIS 主要不同包括：

（1）WHOIS 是一种基于使用专用协议和端口的文本的协议，而 RDAP 是一种基于 HTTP 的 RESTful 协议，具有在 JSON 中定义的结构化响应。对于基于 Web 的 RESTful 协议，RDAP 遵循行业公认的定义。它使用 URL 来区分通过 HTTP/HTTPS 的 JSON 响应的不同服务。RDAP 使用 HEAD 和 GET 作为唯一的 HTTP 选项。

（2）RDAP 响应的数据对象可以简单地转换成非英语语言，而 WHOIS 响应的数据对象则不能。

（3）RDAP 响应给出了对其他 RIR 的明确引用，尽管 WHOIS 没有定义查询或响应，并且与 DNR 和 RIR 的交互可能有很大差异。

RDAP 与 WHOIS 的数据对比如表 3.13 所示。

表 3.13　RDAP 与 WHOIS 的数据对比

RDAP	WHOIS
基于 HTTP	基于文本
标准化的 JSON 格式	无编码格式
输出数据是机器可读的,可以简单地进行转换	输出数据是纯文本,不能自动进一步处理
响应将自动发送到其他注册中心	响应不包含后续注册表信息
可以为不同的组定义访问权限	不能对数据进行不同类型的访问

3.3　路由宣告数据

一旦组织机构从五个区域互联网注册机构之一或本地互联网注册机构之一获得 AS 编号和 IPv4/IPv6 地址前缀,该组织机构就可以宣布其面向全球互联网的网络可达性。首先,该组织机构需要与一个或多个提供商达成协议以连接到互联网,采购设备和租用或者自建网络链路,然后它必须开始向互联网宣告从 RIR/LIR 获得的 IPv4/IPv6 地址前缀,以便互联网中的其他自治系统都知道这个新网络资源的存在并相应地转发流量。通过路由报文采集器,与路由观测节点(VP)建立 BGP 会话,可以定时地获取路由报文采集器的路由快照(间隔 2～8 个小时)和路由更新报文(间隔 5 分钟)等路由宣告数据。其中路由快照数据包含了从路由观测节点到全球其他路由前缀的可达路径信息,也隐含了路由前缀的源 AS 信息。路由更新报文反映了从路由观测节点到特定路由前缀的路径变化信息。通过对路由快照和路由更新报文进行数据挖掘,可以获得 AS 路由前缀映射、AS Peer 关系、路由传播路径、路由前缀可见性等信息。图 3.13 所示为路由快照的部分信息。

图 3.13　路由快照案例

从路由快照中可以还原出全球部分的网络拓扑,这个网络拓扑以路由观测节点为视角,正向包含了从路由观测节点到达其他网络的流量转发路径,反向包含了从源 AS 到路由观测节点的路由传播路径。受限于路由观测节点的数量限制,还原的拓扑只反映了全球局部拓扑视图。图 3.14 所示为在路由观测节点看到的 AS6905 的路由传播路径。

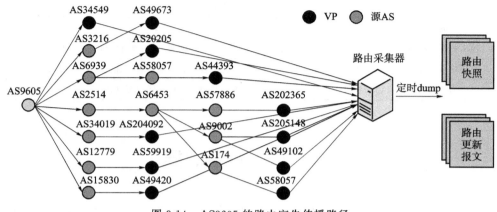

图 3.14   AS9605 的路由宣告传播路径

3.3.1   AS 路由前缀映射

互联网中的每个 AS 可以通过 BGP 协议宣告一个或者多个 IP 路由前缀。宣告的报文信息中包含特定 IP 路由前缀和到达该前缀的 AS 路径,AS 路径中的最后一个 AS 是此 IP 前缀的宣告者。从路由快照中,通过遍历每一条记录,提取记录中的路由前缀和 AS_PATH 中最后一个 AS,分别构建以 AS 为键和以路由前缀为键的数据字典,可以获得 IP 路由前缀-AS 映射关系以及 AS 包括的路由前缀信息。这些信息可以用来作为路由前缀的 AS 归属以及判定 AS 的规模大小,同时也是目前 IP 定位库的基础标签数据,对网络安全分析有重要作用。AS 前缀映射算法伪代码如表 3.14 所示。

通过分析 IP 路由前缀与 AS 的映射关系,某些路由前缀对应多个 AS,这种现象称为多源 AS 映射(Multiple Origin AS,MOAS)。导致 MOAS 冲突的原因有很多,例如:跨国机构或商业合作机构 AS 间采用的合规域间路由策略,多个 AS 会宣告同一个 IP 前缀达到分流的效果;AS 交换点的前缀会被该交换点下多个 AS 同时宣告;错误配置导致的 MOAS 冲突。此外,BGP 域间路由前缀劫持是造成 MOAS 冲突的一个主要原因,攻击者 AS 会恶意宣告其他 AS 的某 IP 前缀,从 BGP 域间路由报文中可观察到该 MOAS 冲突事件。一般来说,长期的的 MOAS 通常被认为是网络拓扑工程(如前缀多宿主)的结果。短暂的 MOAS 通常归因于路由器错误配置或者恶意的网络攻击。近 10 年的路由表 MOAS 现象如图 3.15 所示。从变化趋势看,MOAS 前缀占全部路由前缀的比例为 10% 左右。

表 3.14　AS 前缀映射算法伪码

算法 3.1: AS 路由前缀映射

　　输入: 路由快照 **R**

　　输出: IP 路由前缀-AS 映射关系 **D**, AS 包含的路由前缀信息 **S**

1 **D** ⟵ 空字典;

2 **S** ⟵ 空字典;

3 **foreach** 路由条目 **r** *in* **R do**

4 　　*prefix* ⟵ **r** 的 *prefix* 字段;

5 　　*AS* ⟵ **r** 的 AS PATH 字段中的最后一个 AS;

6 　　**if** *AS not in* **S then**

7 　　　　**S**[*AS*] ⟵ 空集合;

8 　　**end**

9 　　**if** *prefix not in* **D then**

10 　　　　**D**[*prefix*] ⟵ 空集合;

11 　　**end**

12 　　**S**[*AS*] ⟵ **S**[*AS*] ∪ *prefix*;

13 　　**D**[*prefix*] ⟵ **D**[*prefix*] ∪ *AS*;

14 **end**

15 **return D, S**;

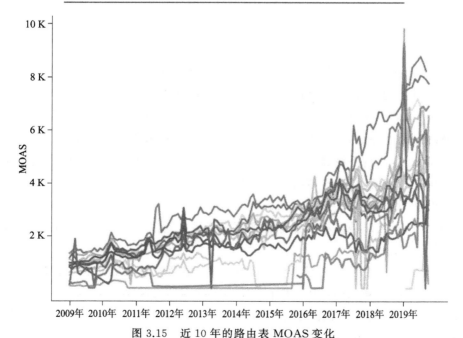

图 3.15　近 10 年的路由表 MOAS 变化

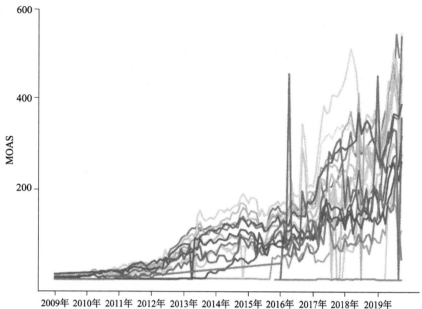

图 3.15 近 10 年的路由表 MOAS 变化(续)

3.3.2 AS Peer 关系

在 BGP 路由传播的过程中,某 AS 在接到该报文信息后会将自己加入 AS 路径的头部并继续通过 BGP 将该 IP 前缀的可达信息传递给其他 AS。对于 AS 路径中的某一个 AS,路径前后相邻的 AS 构成的该 AS 的 Peer 关系。从流量转发和路由传播角度来说,这种 Peer 关系又可以分为上游"Upstream"和下游"Downstream"关系。一般来说,尽管下游通常指的是使用服务的地方,但上游通常指的是托管或提供服务的地方。因此,无论碰巧在该服务链中查看什么地方,上游的东西更接近服务,下游的东西更接近消费者。在 ISP 上下文中,该服务可以是互联网上的任何内容,因此上游仅表示他们将流量卸载到比它们更接近服务托管位置的任何网络提供商。

计算 AS Peer 关系较为简单,只需提取 AS 路径中的二元组即可计算 AS 的相邻关系。然而,计算 AS 的上游和下游关系需要额外的知识辅助。AS 间的业务关系大致分为四类:客户、中继提供商、对等点和兄弟,但可能还存在其他复杂得的商业关系。在客户-提供商关系中,客户 AS 与另一个提供商 AS 达成了协议,将其流量传递到全球路由表。在对等关系中,两个 AS 同意自由进行双边流量交换,但只在他们自己的 IP 和客户的 IP 之间交换。最后,属于同一管理实体的 AS 视为兄弟关系,它们之间的流量交换通常不受限制。一般情况下,路由传播具备无谷底特性,即 AS 路径包括上行、对等互连、下行等阶段,所有阶段均为可选阶段。因此提取上下游关系需要确定 AS 路径的"山峰",即路径的最高点,然后一次向左侧和右侧推断,一般情况下,"山峰"左侧为客户-提供商关系,右侧为提供商-客户关系,进而推断 AS 的上游和下游关系,AS Peer 关系提取伪代码如表 3.15 所示。

表 3.15　AS Peer 关系提取算法伪代码

算法 3.2: AS Peer 关系提取

　　输入: 路由快照 **R**

　　输出: AS Peer 关系 **P**

1　**P** ⟵ 空字典;
2　**foreach** 路由条目 **r** *in* **R** do
3　│　*prefix* ⟵ **r** 的 *prefix* 字段;
4　│　*AS_PATH* ⟵ **r** 的 *AS PATH* 字段;
5　│　**if** *AS_PATH* 的长度 > 1 **then**
6　│　│　*path_pairs* ⟵ zip(AS_PATH, AS_PATH[1:]);
7　│　│　**foreach** *pair in path_pairs* **do**
8　│　│　│　**if** *pair*[0] = *pair*[1] **then**
9　│　│　│　│　continue;
10　│　│　│　**end**
11　│　│　│　**if** *pair*[1] *not in* **P then**
12　│　│　│　│　**P**[*pair*[1]] ⟵ 空字典;
13　│　│　│　│　**P**[*pair*[1]]["Upstream"] ⟵ 空集合;
14　│　│　│　│　**P**[*pair*[1]]["Peer"] ⟵ 空集合;
15　│　│　│　│　**P**[*pair*[1]]["Downstream"] ⟵ 空集合;
16　│　│　│　**end**
17　│　│　│　**if** *pair*[0] *not in* **P then**
18　│　│　│　│　**P**[*pair*[0]] ⟵ 空字典;
19　│　│　│　│　**P**[*pair*[0]]["Upstream"] ⟵ 空集合;
20　│　│　│　│　**P**[*pair*[0]]["Peer"] ⟵ 空集合;
21　│　│　│　│　**P**[*pair*[0]]["Downstream"] ⟵ 空集合;
22　│　│　│　**end**
23　│　│　│　向 **P**[*pair*[1]]["Upstream"] 添加 *pair*[0];
24　│　│　│　向 **P**[*pair*[1]]["Peer"] 添加 *pair*[0];
25　│　│　│　向 **P**[*pair*[0]]["Downstream"] 添加 *pair*[1];
26　│　│　│　向 **P**[*pair*[0]]["Peer"] 添加 *pair*[1];
27　│　│　**end**
28　│　**end**
29　**end**
30　**return P**;

3.3.3　路由传播路径

　　BGP 是一种路径向量协议,对应任何一个路由前缀,AS PATH 中自左向右包含了从路由观测节点到达该前缀的流量转发路径,自右向左包含了从源 AS 到路由观测节点的路由传播路径。BGP He 网站中的 AS4837 路由传播路径如图 3.16 所示。

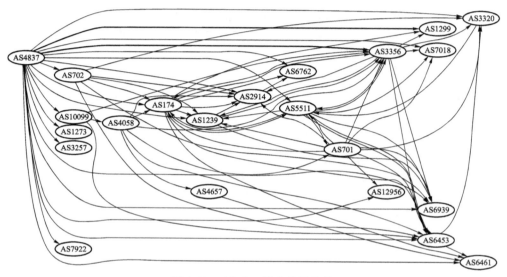

图 3.16　AS4837 路由传播路径

　　图 3.16 反映了 AS4837 路由传播的路径,注意该图代表了从路由观测点看到的路由传播,图中右侧终点代表是路由观测节点,该图反映了 AS4837 在全球网络传播中局部的视图,相关提取算法如表 3.16 所示。

3.3.4　路由前缀可见性

　　路由前缀可见性是指路由前缀在路由观测节点的可见性,即从路由观测点到达该前缀是否有网络通路。由于网络配置、自然灾害以及网络攻击等因素,诱发 BGP 对等体间会话断开或者路由器自身回撤路由前缀,都可能导致路由前缀不可达。一般情况下,BGP 对等体会话断开会导致相关自治系统进行路径探索,当确实无路可选时最终会诱发相邻 AS 发生路由前缀回撤现象,而路由器自身路由前缀回撤将直接导致路由前缀在路由观测节点不可见。分析路由前缀的可见性对路由稳定性有重要意义。

表 3.16 AS 路由传播路径提取算法伪码

算法 3.3：路由传播路径提取
输入：路由快照 **R**
输出：路由传播路径信息 **P**
1 **P** ⟵ 空字典；
2 **foreach** 路由条目 r *in* **R** **do**
3   *prefix* ⟵ **r** 的 *prefix* 字段；
4   *AS_PATH* ⟵ **r** 的 *AS PATH* 字段；
5   *AS* ⟵ **r** 的 *AS PATH* 字段中的最后一个 AS；
6   *prefix_version* ⟵ *prefix* 的版本；
7   **if** *AS_PATH* 的长度 > 1 **then**
8   **if** *AS not in* **P** **then**
9   **P**[*AS*] ⟵ 空字典；
10   **P**[*AS*]["v4Propagation"] ⟵ 空集合；
11   **P**[*AS*]["v4Prefixes"] ⟵ 空集合；
12   **P**[*AS*]["v6Propagation"] ⟵ 空集合；
13   **P**[*AS*]["v6Prefixes"] ⟵ 空集合；
14   **end**
15   **if** *prefix_version* = 4 **then**
16   向 **P**[*AS*]["v4Propagation"] 加入 *AS_PATH*；
17   向 **P**[*AS*]["v4Prefixes"] 加入 *prefix*；
18   **end**
19   **if** *prefix_version* = 6 **then**
20   向 **P**[*AS*]["v6Propagation"] 加入 *AS_PATH*；
21   向 **P**[*AS*]["v6Prefixes"] 加入 *prefix*；
22   **end**
23   **end**
24 **end**
25 **return P**；

路由前缀具备传导性，且路由回撤前缀在路由更新报文中不存在对应的路由路径，因此需要分析特定时刻的路由快照数据，建立路由前缀和 AS 的映射关系。此外，某一观测点观察到路由前缀不可见并不代表该路由前缀其他观测节点不可达，需要对每个路由观测路由前缀的可见性进行监测。由于路由观测节点数量占比全球可路由 AS 数量比例很小，局部的路由前缀可见性也并不代表全球的可见性，需要多方位、多维度、多视角的综合分析。路由前缀可见性提取算法伪代码如表 3.17 所示。

表 3.17　前缀可见性提取

算法 3.4: 前缀可见性提取
输入: 路由快照 **R**
输出: 前缀可见性字典 **V**
1　**foreach** 路由条目 **r** *in* **R** **do**
2　　　$prefix \leftarrow$ **r** 的 $prefix$ 字段;
3　　　$VP \leftarrow$ **r** 的 $AS\ PATH$ 字段中的第一个 AS;
4　　　$AS \leftarrow$ **r** 的 $AS\ PATH$ 字段中的最后一个 AS;
5　　　**if** $AS\ not\ in$ **V** **then**
6　　　　　**V**[AS] $\leftarrow$ 空字典;
7　　　**end**
8　　　**if** $prefix\ not\ in$ **V**[AS] **then**
9　　　　　**V**[AS][$prefix$] $\leftarrow$ 空字典;
10　　　　**V**[AS][$prefix$]["$reachable\_vp\_set$"] $\leftarrow$ 空集合;
11　　　　**V**[AS][$prefix$]["$unreachable\_vp\_set$"] $\leftarrow$ 空集合;
12　　　**end**
13　　　向 **V**[AS][$prefix$]["$reachable\_vp\_set$"] 加入 VP;
14　**end**
15　**return V**;

3.3.5　AS 级别网络拓扑

网络拓扑本质是一组利用传输介质相互连接设备的物理结构布局。通过将现实世界中真实的物理设备抽象成节点进行表示,将设备之间相互连接的物理结构抽象为链路进行表示。使用图论的术语可以将网络拓扑表示为 G=(V,E),G 代表整个网络拓扑图,V 代表拓扑中网络设备的节点集合,E 代表网络的链路集合。这种抽象的处理方式忽略了网络中设备的物理属性,只关注逻辑上设备之间的连接关系,并不关注具体的物理实现细节。网络拓扑的研究主要解决网络之中设备是如何连接的问题,帮助了解网络节点链路状态、分析网络整体状况和发现网络的内在结构特征。如果按照四种不同的粒度或分辨率观察互联网拓扑,可以将互联网拓扑分成四种类型,从最精细到最粗糙粒度分别是:IP 接口接入级、路由器级、POP 入网点级、AS 级。AS 拓扑可视化研究将 AS 网络拓扑抽象为一个无向图,拓扑中的各个 AS 看作图中单个点,AS 间边界网关的互联关系看作图中的边。主要反映全球互联网中 AS 间的互联关系与路由策略,网络管理者和研究人员能够通过拓扑可视化效果了解域间网络的大致情况以及安全态势,更好地监控管理域间网络安全。

AS 级别拓扑提取,也是基于路由观测节点观察到的 AS 路径,通过分析 AS 路径 AS 间的关系,构建 AS 间的点边关系。AS 级别网络拓扑生成如表 3.18 所示。

表 3.18　AS 级别网络拓扑生成

算法 3.5: AS 级网络拓扑生成

输入:路由快照 **R**

输出:AS 级网络拓扑图 **G**

1　**G** ⟵ 空图;

2　**foreach** 路由条目 **r** *in* **R do**

3　　　AS_PATH ⟵ **r** 的 $AS\ PATH$ 字段;

4　　　**if** AS_PATH 的长度 > 1 **then**

5　　　　　$path\_pairs$ ⟵ zip(AS_PATH, $AS\_PATH[1:]$);

6　　　　　**foreach** $pair$ *in* $path\_pairs$ **do**

7　　　　　　　**if** $pair[0] = pair[1]$ **then**

8　　　　　　　　　continue;

9　　　　　　　**end**

10　　　　　　向 **G** 中加入节点 $pair[0]$ 和 $pair[1]$;

11　　　　　　向 **G** 中加入边 ($pair[0]$, $pair[1]$);

12　　　　**end**

13　　　**end**

14　**end**

15　**return G**;

3.4　网站信息 IP 地址映射

随着国家网络空间安全战略的发布,网络安全延伸到了更广阔的多维空间,网络空间是人、机、环境交织在一起的新的维度空间。IP 地址是网络空间核心要素,在互联网通信中发挥着重要的作用,是连接网络基础设施和上层应用服务之间的纽带,IP 地址关联关系如图 3.17 所示。

IP 地址作为连接人、物、环境的纽带,除了位置属性,在与网站信息资源关联后,被赋予了更多的业务标签属性,是网络空间测绘的基础[62]。目前,与人民生活息息相关的网络应用服务大部分基于网站来承载,通过域名提供网站信息或者通过域名接口提供相关的 App 的应用。网站资源属于信息资源范畴,具有行业和主题的特性,对应的 IP 地址也承载了相应的不同行业和主题属性,网站的链接及文本涵盖了语义信息,通过分析网站内容以及链接的语义,可以推断 IP

业务承载的服务语义,进而构建 IP 地址的应用服务属性。近年来,许多重大域间路由安全事件,劫持的路由前缀有很强的目的性,如 2018 年 4 月,亚马逊权威域名服务器遭到 BGP 路由劫持攻击,用户流量被重定向到位于俄罗斯的加密货币网站,据称窃取了价值近 2 000 万英镑的数字货币。2019 年 7 月,美国 Verizon BGP 网络点引起的互联网重新路由错误,导致了包括亚马逊、Cloudflare 和 Facebook 等公司的服务无法访问,而网络安全服务商 Cloudflare 的故障,导致 Discord、Feedly、Crunchyroll 和其他许多依赖其服务的网站发生部分中断。此外,大量区块链交易所如 Coinbase、HitBTC、印度交易所 WazirX 均受到影响。通过对网站主题和行业分类,进而对网站对应的 IP 地址进行分类,对域间路由异常事件安全态势评估有重要意义。

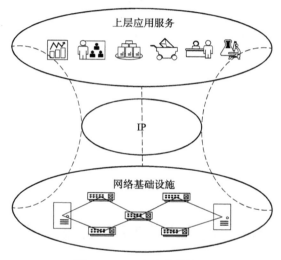

图 3.17 IP 地址关联关系

3.4.1 网站行业主题分类

网页文本具备丰富的语义特征,可以依据网页文本,确定网页的主题特征,对网站页面所具备的核心业务特征进行提炼,形成网站的业务属性信息。使用网页分类技术,相对于常规文本分类而言,特征来源具备多维属性,包括网页的标题、描述、关键词、网页正文和链接到该页面的链接文本,将多维度的语义信息纳入分类考量,可以提升网页分类的效果;网页文本中的信息呈现形式不规则、文本中与主题无关的干扰特征较多,存在不包含语义信息的 html 标签等许多无关文本,需要进行过滤,设计合理的预处理和特征提取、模型训练方法来达到较好的分类效果。根据网站的重要程度,可以对网站按国民经济行业分类,以更好地评估域间路由安全事件的危害程度。

基于文本语义按照上述分类方法对网站进行分类,将重要服务 IP 映射到国民经济行业中去,可以有效评估不同行业的安全态势,特别是路由异常事件的快速定位溯源和安全态势评估。

《国民经济行业分类》参照联合国《全部经济活动的国际标准产业分类》的划分,根据经济活动的同质性原则,对企业、事业单位、机关团体和个体从业人员所从事的经济活动进行统一分类。行业分类标准共分 20 个门类、96 个大类、432 个中类、1 094 个小类(4 位阿拉伯数字)。每个类别都按层次编制了代码,如表 3.19 所示。

表 3.19　国民经济行业分类

国民经济行业分类(GB/T 4754−2017)			
序号	门类	序号	门类
A	农、林、牧、渔业	K	房地产业
B	采矿业	L	租赁和商务服务业
C	制造业	M	科学研究和技术服务业
D	电力、热力、燃力及水生产和供应业	N	水利、环境和公共设施管理业
E	建筑业	O	居民服务、修理和其他服务业
F	批发和零售业	P	教育
G	交通运输、仓储和邮政业	Q	卫生和社会工作
H	住宿和餐饮业	R	文化、体育和娱乐业
I	信息传输、软件和信息技术服务业	S	公共管理、社会保障和社会组织
J	金融业	T	国际组织

3.4.2　网站多源 IP 映射

IP 地址和网站域名之间具备多源映射关系,一个 IP 地址可以承载多个域名,由于网站依赖的承载环境多样,不同的地理位置也会造成 IP 的映射具有多源的特性,使一个域名映射到多组 IP 地址。目前对域名对应多组 IP 地址的解析常用分布式探测方法,即部署多个不同地理位置的网络节点进行域名解析。这种探测方式由于需要部署物理节点,在探测的灵活性和效率比较差。基于 Google 的 edns 协议,向支持该协议的域名解析服务器发起解析请求时,可以夹带客户端的 IP 地址信息,域名服务器能根据客户端 IP 进行智能 DNS 解析。通过设置不同地理位置的客户端 IP 地址,就可以解析出不同的服务器 IP 地址。

在待探测网站空间中,可能还存在一类不存在对应域名或对应未知域名的应用服务,只能通过 IP 地址和端口号,而无法通过域名访问的应用服务。对于这类应用服务,无法通过向域名发起 HTTP 访问的方式进行探测,只能以端口扫描的形式,对 IP 地址的特定端口进行扫描,如果端口处于开放状态,则说明该 IP 地址的开放端口有可能是应用服务的提供商。

3.4.3 权威解析 IP 地址映射

DNS 解析是将域名翻译为 IP 地址的一个过程,一般情况下,DNS 解析采用的是递归解析方式,需要用到递归服务器和权威服务器才能完成整个 DNS 查询过程。对于一个特定的域名,必须将域名交由某个 DNS 服务器进行解析,才能将域名指向对应的 IP 地址,才能让客户通过域名访问对应的站点。这个负责最终解析域名的服务器就是权威服务器。权威服务器与递归服务器不同,它不负责帮助客户端进行递归查询返回解析记录,它本身的用途就是对于域名进行解析设置操作。每个特定的域名,权威 DNS 服务器可能并不相同。这种权威 DNS 服务器只对自己所拥有的域名进行域名解析,对于自己不负责的域名则无法进行解析。比如递归 DNS 去 taobao.com 的权威 DNS 服务器查询 baidu.com 的域名肯定会查询失败。一些大型的公司,对于权威 DNS 服务器可能会采用自建的方式。而对于一般的公司,大部分会将域名托管给比较知名的权威 DNS 服务商。

对应重要应用服务来说,权威 DNS 服务器的重要程度不亚于其对应的应用服务器,如果权威 DNS 服务器解析失效,同样会造成应用服务中断或者流量重定向。在 2018 年,一个小型 ISP 使用 BGP 劫持成功劫持了亚马逊的权威 DNS 服务器的 IP 地址,然后用该 IP 地址搭建虚假的 DNS 服务器,从而实现 DNS 劫持。随后攻击者将一个加密货币钱包的域名重新定向到攻击者搭建的钓鱼服务器,最后成功盗取用户的登录信息,全球重要网站权威服务器分布如图 3.18 所示。

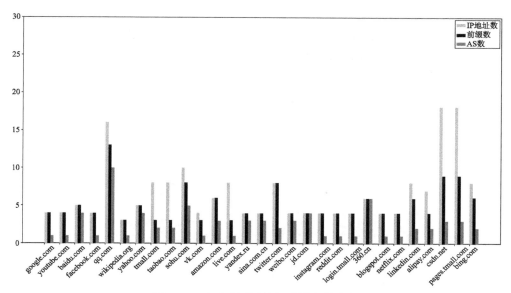

图 3.18　全球重要网站权威服务器分布

3.5　AS 知识挖掘

3.5.1　AS 商业关系推断

　　BGP 允许每个自治域系统(AS)在选择路由和向其他自治域系统传播可达性信息时选择自己的管理策略,这些路由策略受到管理域之间的商业合同协议的约束。例如,AS 设置其策略,使其不在其供应商之间提供运输服务。学术界通常将自治系统常如的商业关系归纳建模为客户-提供商、对等体-对等体以及提供商-客户关系,AS 商业关系如图 3.19 所示。

　　获得对 AS 关系的全面了解并不容易,因为它们通常是保密的并且必须从各种相关信息中推断出来。

　　Gao 等人[63]首先进行了 AS 关系推理的研究。他们的解决方案依赖于 BGP 路径是分层的或无谷的(valley-free)假设,即每条路径由一个上坡路段组成,其中有 0 个或多个 C2P 或兄弟链路,路径顶部有 0 个或 1 个 P2P 链路,然后是一个下坡路段,其中有 0 个或多个 P2C 或兄弟链路。无谷假设反映了 Internet 中商业关系的典型现实:如果 AS 将从对等点或提供商那里学到的路由通告给对等点或提供商(在路径中创建一个谷),那么它将免费提供过境服务。因此,Gao 的算法试图通过选择一条路径中度数最大的 AS 作为顶部,并假设具有相似度数的 AS 很可能是对等体（P2P），从而得出最大数量的无谷路径。

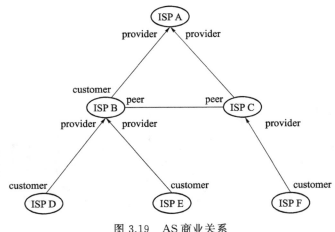

图 3.19   AS 商业关系

Subramanian 等人[64]将 Gao 的启发式形式化为关系类型（ToR）组合优化问题:给定从一组 BGP 路径派生的图,将边类型（C2P 或 P2P,忽略兄弟关系）分配给每条边,使得无谷路径的总数最大化。他们推测 ToR 问题是 NP 完全问题,并开发了一种基于启发式的解决方案（SARK），该解决方案根据每个 AS 从多个有利位置看起来与图核心的接近程度对每个 AS 进行排名。

Battista 等人[65]证明 ToR 问题公式在一般情况下是 NP 完全的,无法推断 P2P 关系。如果使用的 AS 路径是无谷的,则有可能找到解决方案。他们开发了推断 C2P 关系的解决方案,但是没有提出其他关系的推断方法。

Dimitropoulos 等人[66]创建了一个基于求解 MAX-2-SAT 的解决方案。他们使用 WHOIS 数据库中编码的信息推断兄弟姐妹关系。他们的算法试图最大化两个值:(1)无谷路径的数量,(2)提供商的节点度大于客户的 C2P 推理的数量。该算法使用参数 α 对这两个目标进行加权。他们的验证覆盖了 9.7% 的公共 AS 级图,然而,MAX-2-SAT 是 NP-hard 问题,并且它们的实现在最近的 AS 图的实际时间长度内没有完成。

Luckie 等人[67]提出了“AS-Rank”算法。该算法不假设存在(或寻求最大化数量)无谷路径,而是依赖于关于互联网域间结构的三个假设:(1)AS 通过与供应商建立关系从而全球可达；(2)在层次结构的顶部存在一个 AS 的对等集团,并且(3)没有 P2C 链接的循环。ASRANK 算法通过 11 个复杂的步骤将每个链接标记为 C2P、P2C 或 P2P。

Jin 等人[68]深入研究了使用测量平台在几个位置收集的路由表来推断 AS 关系的问题。他们表明,推理算法面临着这种零散数据集固有的几个基本挑战。首先,这些观察与不可忽略的噪声相结合,即由路由异常或配置错误引起的路由。其次,来自单个 VP 的路由只是全球互联网的部分视图,因此既有限又有偏见。最后,VP 通常集中在几个地理位置周围,通常在互联网层次结构的上层,并且它们重叠或不重叠的观点在聚合时会加剧观察偏差。最后,VP 的数量非常有限,尤其是与互联网的巨大规模相比,留下了许多无法直接观察到的"阴影区"。他们开发了一个从 BGP 路由的零碎观察中恢复 AS 关系的框架 TopoScope。首先,TopoScope 使用集成学习来减轻不仅来自单个 VP,而且来自整组 VP 的不均匀分布的观察偏差。它将 VP 分成小组,收集每个小组的初步推理结果(即每个链接上的关系类别),并通过投票找到大多数小组可以达成一致的共识链接。然后,TopoScope 将剩余的链接及其上面的投票结果输入到贝叶斯网络(BN)。贝叶斯网络探索了各种链接特征之间的相互依赖性,以及源自有偏 VP 分布的观察到的特征的不均匀分布。贝叶斯网络的结构由贪心算法确定,而参数由期望最大化(EM)估计。最后,TopoScope 探索了称为绕行对的不同组相邻链路之间的内在相似性,并为绕行对训练了一个分类器,以推断隐藏的链路及其对应关系。

3.5.2　AS 组织机构映射

传统自治域系统拓扑将 AS 级拓扑抽象为一个无向图,其中各个 AS 看作图中单个的点,AS 间通过边界网关的互联关系看作图中的边,以节点的度和 AS 间的商业关系来展示 AS 的重要程度和层次关系。上述的 AS 拓扑重点突出了 AS 在二维网络空间的位置和重要性,忽视了自治域系统的治理管理关系。不同的技术管理部门管理运营着不同的自治域,每个自治域都有其归属的特定的组织机构,同样的,每个组织机构也会同时拥有多个自治域,例如高校、科研机构、互联网公司、政府机构、运营商等,他们通过申请 AS 号码获得属于自己的自治域系统,同一机构的 AS 在网络管理和安全防护策略方面具备一定的相似性,形成了 AS 的机构映射拓扑,它在一定程度上反映了自治域的联盟治理关系,构成一个网络空间治理的覆盖网络[69]。

目前已有的自治域组织机构映射方法有两种,一种是注册机构自己填充数据信息,例如 PCH(Packet Clearing House),它是一个国际组织,负责为关键的互联网基础设施提供运营支持和安全保障,包括互联网交换点和域名系统的核心;另一种是通过 AS 聚类实现组织机构映射,其中典型的是 Cai 等人[70]的研究。Cai 等人从 RIR WHOIS 数据库获得自治域系统数据,首先,对于每个数据库中的每个 AS 创建一个对象,然后考虑 RIR 数据库中链接到给定 AS 的其他对象,并将这些对象的字段分配给指定 AS 对象,最后,他们使用基于机器的学习算法来分析对象之间的相似性,完成自治域系统的组织机构映射。同时,CAIDA(Center for Applied Internet Data Analysis)也有一组自治域组织机构映射数据,他们的方法与 Cai 等人的方法相似,他们的算法保持原始的数据库结构,并为组织、AS、联系人创建不同的对象,然后根据对象字段及其与其他对象的关系进行组织机构映射。

尽管 WHOIS 数据库有不正确的、丢失的和过时的条目,但它也有有价值的信息,以上方法获得的映射结果的准确率有待提高,根据 Cai 等人的研究,准确率最高仅有 64%。然而,该方法为本课题的研究提供了直接思路,即利用自治域系统的多维属性来分析实体之间的相似性。

Carisimo 等人[71]提出并应用一种方法来准确识别全球范围内的所有互联网运营商及其自治系统编号,他们的方法基于对高度多样化的数据集进行多阶段、深入的手动分析。基于 RIR WHOIS 数据,Ziv 等人构建了 ASdb[72],该系统使用已建立的商业智能数据库和机器学习的数据来对 AS 进行准确的分类。ASdb 建立于两个关键的见解:首先,虽然没有数据源可以提供有关 AS 的足够数据,但几乎所有 AS 都属于可识别的组织,其次,将近 90% 的 AS 都有关联的域,这些域托管带有可用于分类的描述性文本的网站。他们通过根据专家研究团队策划的“黄金标准”数据集评估流行的商业数据库、网站分类器和现有的 AS 分类数据集来展开他们的研究并提出了 ASdb。

3.5.3　AS 性质分类

一个 AS 的“节点”可以代表各种各样的组织,例如大型 ISP、小型私营企业、大学或者云服务商等,不同类型的 AS 具有截然不同的网络特征以及不同的外部连接模式。虽然在过去的几年中,互联网 AS 级的拓扑结构已经得到了广泛的研究,但对 AS 分类法的细节知之甚少。有效的 AS 性质分类可以支撑域间路由异常事件的安全态势评估。如提供公共服务的大型云服务商发生路由异常事件的影响要远大于普通客户网络。目前学术界对 AS 分类主要有以下几种。

（1）大型 ISP：大型骨干供应商，一级 ISP，拥有洲际网络。

（2）小型 ISP：具有小型大都市或大型区域网络的区域和接入提供商。

（3）客户网络：运行自己的网络的公司或组织，但与前两个类的成员不同的是公司或组织不提供互联网连接服务。如网络托管公司、技术公司、咨询公司、医院、银行、军事网络、政府网络等。

（4）大学：大学或学院的网络。它们通常拥有更大的网络，服务于数千个到上万的终端。

（5）互联网交换点：小型网络作为前两类成员的互联点。

（6）网络信息中心：承载重要网络基础设施的网络，如根服务器或 TLD 服务器，例如云服务商、CDN 网络等。

互联信息资源库和路由宣告数据也为 AS 分类提供了数据基础，其中 AUNTUM 对象包含关于 ASes 的路由策略、分配的 IP 前缀、联系信息等的记录。根据 AS 号，识别 AS 类型的一种自然方法是在 IRR 中查找 AS 号并检查其组织描述记录。在 RPSL 术语中，此记录是 RPSL 类 aut-num 的 descr 属性。它包含了拥有 AS 编号的组织的名称或简短描述。例如，以下是在 IRR 中找到的 descr 属性的条目："跨体内网络，一个宽带互联网接入提供商"和"奥克兰对等交换"。descr 属性没有一个标准的表示法。它通常由一个简短的描述组成，一般会包含 AS 分类的语义信息。基于成熟的自然语言分类方法，可以有效地对 AS 性质进行分类。

3.5.4 AS 等级排名

正如 GDP 可以反映一个国家的综合实力，AS 也可以用特定指标来衡量其规模。这些指标可以包括 AS 前缀规模的大小、宣告地址数量大小、在网络传输或者网络拓扑的重要位置以及 AS 的恶意行为等，合理的指标选择对域间路由安全有重要作用。

AS RANK 根据自治系统在全球路由系统中的影响力来估计宏观排名，特别是基于 AS 之间推断的业务关系的客户锥体的大小[73]。拥有大量客户群的自治系统在互联网的资本和治理结构中发挥着重要作用。在这个层次结构的顶端是通常称为一级 ISP 的 ISP，它们不支付向上游提供商的传输费用。相反，它们相互对等以提供到互联网中所有目的地的连接。层次结构的底部是客户 AS，他们没有自己的客户，并向提供商付费以到达互联网中的所有目的地。

AS 客户锥定义为 AS A 本身加上在 BGP 路径中仅遵循 P2C 链接后可以从 A 到达的所有 AS。换句话说，A 的客户锥包含 A 加上 A 的客户，再加上其客户的客户等。每个 AS 都会公布一组 IPv4 前缀。每个 IPv4 前缀代表一组作为一个单元路由的连续 IPv4 地址。前缀可以嵌套,最具体的前缀用于路由不太具体的前缀。要找到在 AS A 的 IPv4 前缀客户锥中可达的前缀集,创建由在 AS A 的 AS 客户锥中找到的所有 AS 宣布的前缀联合。AS A 的 IPv4 地址客户锥是 AS A 的 IPv4 前缀客户锥所覆盖的地址集。前缀重叠,表示一组 IPv4 地址。AS 客户锥体如图 3.20 所示。

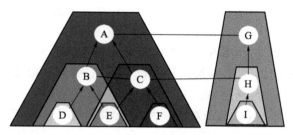

图 3.20   AS 客户锥体

BGP Ranking 是一款免费的计算互联网服务提供商安全排名的软件[74]。该系统正在收集外部数据,以便评估长期排名。目的是快速检测特定 AS 号的任何恶意活动,并验证用于安全性的数据源。

3.5.5   AS 地理疆域

AS 会在域间路由系统中宣告多个 IP 前缀,IP 前缀中又包含若干 IP 地址,且 IP 前缀大小不定,不同 IP 前缀可能分布在多个不同的地理位置,所以 AS 的地理位置不是一个简单精确的点,而应该是一个地理位置的集合,这个地理位置的集合反映了这个 AS 路由设备和主机设备涵盖的范围,即 AS 疆域。

传统的 AS 规模划分方法主要依靠商业关系或是拓扑结构性质,如根据 AS 具有的商业关系为客户的邻居 AS 数量来表示 AS 的规模,但这种方法存在商业关系推断不准确,或无法获取最新商业关系的问题。传统自治域系统分类排行基于自身商业客户数量进行分类和排行,反映了在网络拓扑中的重要性,忽视了自治域系统地理信息的属性,存在不能反映自治域系统实际的位置和网络基础设施的覆盖区域、不能体现自治域系统地理政治属性、不能反映不同国家、地区间自治域系统关联关系、无法准确反映 AS 重要程度等问题。

AS 疆域计算方法主要依赖 IP 地理位置数据库,尽管 IP 地址库位置存在误差,但是基本可以反映出 AS 地理疆域的轮廓。具体做法是获得特定 AS 的前缀,然后讲该 AS 的路由前缀按/24 粒度切分,然后从每个/24 粒度取一个 IP 地址查询地理位置,最后根据 AS 的前缀数量对地理位置进行聚合,绘制 AS 的地理轮廓。

考虑 AS 的 IP 前缀地理分布覆盖的城市越多或国家越多,则表明此 AS 是大型跨国骨干网或 ISP 提供商的可能性越大,而只覆盖单个地理位置的 AS 则可能是一些本国内的小型局域网络。

基于 AS 的疆域,可以从另外一个维度区分 AS 的规模大小,可以区分 AS 的运营区域和注册区域的异同,也可以计算 AS 的地理疆域中心,进而计算两个 AS 质心的距离,该距离可以作为判断路径劫持的依据。

3.6　互联网域间路由知识谱系构建

3.6.1　域间路由知识本体

自治域是网间互联的基本单位,是路由协议和路由策略执行的基本单元。自治域资源具备多维属性,包括自治域机构归属、国家归属、行业归属、地理疆域、网络规模、网络等级等静态属性,也包括路由前缀宣告稳定度、路径变化稳定度以及连接关系等动态属性。自治域的多维属性在一定程度上反映了网间路由行为变化和聚类关系[75]。

在融合多种数据源的情况下,首先对不同领域内构建不同领域的本体库,然后将不同领域的本体经过映射成全局本体库,接着对各个领域的知识库进行实体对齐和实体链接,丰富和拓展所构造多数据融合的知识图谱。

用于构建知识图谱的本体库数据源可以来源于结构化数据、半结构化数据和非结构化数据,以及现有的一些通用知识库等。

(1)结构化数据。其主要是指关系数据库中 IP 地理信息库、行业分类数据库以及组织机构数据库。

(2)半结构化数据。其主要指介于结构化数据和无结构化数据之间,通常在互联网码号资源管理机构如 IRR 发布的路由注册数据等。

(3)无结构化数据。主要是指从第三方以及实时的路由器采集的路由更新报文和路由快照数据。

本体是对概念进行建模的规范,是描述客观世界的抽象模型,以形式化方式对概念及其之间的联系给出明确的定义。本体定义了 AS 知识图谱中的数据模式,自治域知识图谱采用自底向上的方法,指从实体层开始,借助于一定的技术手段,对实体进行归纳组织、实体对齐和实体链接。针对自治域资源管理的需求,主要的本体包括国家本体、组织结构本体、自治域本体、IP 地址本体、组织结构本体、设备本体、管理者本体。不同的本体的属性包括以下几点。

（1）国家本体：国家名称、疆域范围、人口、国家类型、经济发展程度等。

（2）组织结构本体：组织结构名称、国家归属、行业类型、规模大小、地址等。

（3）自治域本体：自治域名称（中英文）、机构归属、国家归属、注册前缀、路由前缀、网络疆域、排行、性质等。

（4）IP 地址本体：地理位置、管理实体、域名映射、设备映射等。

（5）设备本体：设备类型、IP 接口映射、位置、管理实体等。

（6）管理本体：负责人、邮箱、电话、地址、机构归属等。

3.6.2 域间路由知识图谱

对于在不同数据类型中存在的本体库进行知识融合，对存在着一些相同或相似的概念和属性等，采用相似性检测规则对这些不同领域内的本体进行检测。如：语义相似性检测、概念相似性检测、属性相似性检测、数据格式相似性检测等。通过这些相似性检测后，能将不同领域内的相同或相似本体进行统一对齐（如路由前缀和 IRR 注册路由前缀的对齐、AS 组织结构和地址分配的组织机构对齐）。实体链接是指对于经过实体对齐本体后，将其链接到知识图谱中对应的正确实体对象的操作，并指在给定的知识图谱中，预测出缺失的实体间的关系，从而丰富和拓展 AS 知识图谱（如 AS 自治域机构归属映射、行业映射、IP 地址域名映射等）。AS 知识图谱系统图如图 3.21 所示。

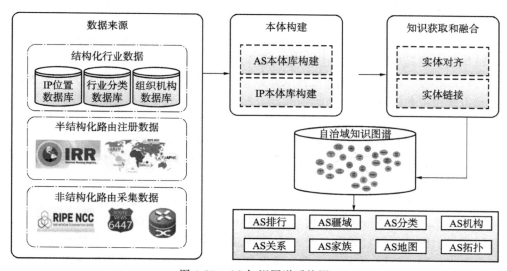

图 3.21 AS 知识图谱系统图

经过一系列的知识融合和提取,最终形成 AS 自治域的知识图谱,进而抽取形成 AS 排行、AS 疆域、AS 分类、AS 机构、AS 关系、AS 拓扑、AS 家族以及 AS 地图,这些知识数据对发现网间互联的关键战略要塞、层次聚类关系以及地址包含关系有重要作用,同时也可以为路由异常检测提供过滤依据,区分合规的路由事件,同时为路由攻击防御和路由事件定位、安全评估提供数据支撑。

第 4 章
互联网域间路由前缀劫持监测

4.1　路由劫持事件分类

BGP 是一种分布式协议,缺乏对路由宣告的可信验证。因此,AS 能够为它不拥有的 IP 前缀发布非法的路由。这些非法的路由传播和"污染"了许多 AS,甚至是整个互联网,影响了通信的可用性、完整性和机密性。这种现象被称为 BGP 前缀劫持,可能是由路由器错误配置或恶意攻击引起的。BGP 前缀劫持可能以各种方式执行,不同的劫持攻击有不同的含义。可以根据前缀在路径宣告的位置、前缀粒度、造成的影响以及引起劫持的动机和原因对前缀劫持进行分类[76,77]。

4.1.1　根据路径位置分类

根据劫持方在 AS_PATH 中出现的位置不同,路由前缀劫持又可以分为源劫持和路径劫持。

（1）源劫持

一个劫持者向邻近的 AS 宣告了一个它并不拥有的前缀,劫持者在 AS_PATH 的最右端,如图 4.1 所示。由于 BGP 路径选择过程倾向于较短的路径,其他 AS 如果能找到比它们到合法路径更短的路径,可能会选择劫持者宣布的非法路径。例如,AS5 可能会选择由劫持者宣布的非法路径(AS6),因为该路径较短。但是 AS2 可能仍然选择原来的合法路径。劫持者所在的网络位置和网络层级决定了该劫持事件的影响范围。

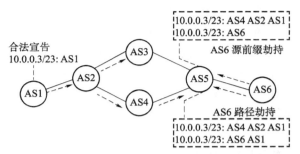

图 4.1　按路径位置分类

（2）路径劫持

劫持者可能宣布伪造路径，但劫持者不作为 AS_PATH 的路径起点。劫持者可以将合法的路径起点 AS 或不相关的 AS 作为路径起点。例如，AS6 宣布了一个假路径[AS6，AS1]，就好像它毗邻合法的起源 AS1 一样。通过这样做，劫持者可以逃避起源身份验证，但是可以把部分互联网流量吸引过来。

4.1.2　根据前缀粒度分类

根据劫持者宣告的前缀与合法宣告者宣告的前缀的匹配长度，前缀劫持又可以分为精确前缀劫持、子前缀劫持以及未使用地址空间劫持。

（1）精确前缀劫持

劫持者宣告了一个与合法宣告者宣告的前缀完全一样的前缀。由于较短的 AS 路径通常是首选的，因此只有靠近劫持者的一部分互联网路径（例如，根据 AS 跳数）才会切换到指向劫持者的路由。

（2）子前缀劫持

劫持者宣告了一个比合法宣告者宣告的前缀更具体地前缀，即合法 AS 的前缀的一个子前缀。相比精确前缀劫持，子前缀劫持影响范围更大，因为 BGP"钟爱"细粒度路由，所以几乎所有原来流向合规 AS 的流量都将会被重定向至劫持者 AS。

（3）未使用地址空间劫持

由于地址分配和路由宣告网络管理体系是分离的。一些早期互联网组织结构拥有大量 IP 地址空间，但是未在互联网中使用或者由于路由管理策略原因在局部网络中使用，劫持者宣布了一个不归属自己且未在互联网宣告的 IP 地址空间，从而发生流量劫持。这种情况也存在另外一种相反的情况，拥有该地址空间的组织机构突然在互联网中宣告前缀，而这些前缀之前被一些其他机构使用，造成流量的重定向。2021 年 1 月 21 日,美国一个未知的空壳公司 Global Resource Systems, LLC 所拥有的自治域 AS8003 突然宣告美国国防部 DOD 未使用的地址空间,截至 2021 年 9 月 18 日,共宣告 IPv4 地址空间约 174 915 584 个(前缀数量 766 条),据国外媒体报道,此次宣告是美国国防部数字服务授权的一项试点工作,使用边界网关协议宣告国防部 IP 地址空间,这个试点将评估和防止未经授权使用的国防部 IP 地址空间在互联网的使用情况。

4.1.3　根据事件影响分类

前缀劫持就是攻击者通过误配置或恶意宣告伪造的路由信息,使得其他 AS 选择到达被劫持前缀的虚假路由,从而劫持互联网上到达该前缀的流量。按照事件影响的不同,可将前缀劫持分为三类。

(1)黑洞:劫持到的流量最终被劫持者丢弃,但在流量被丢弃之前可能已经被劫持者窃听。

(2)伪装:攻击者伪装成被劫持前缀,搭建相应的服务,回应劫持到的流量,实施钓鱼攻击。

(3)窃听:攻击者在窃听劫持到的流量之后,沿着保有的正确路由将流量转发到正确的目的地。

4.1.4　根据事件动机分类

造成路由劫持的原因多种多样,主要分为以下几种。

(1)错误配置

网络运营商在设置路由器时,需要在路由器配置中输入自己的 ASN 和前缀。在这个过程中,他们很有可能打错 ASN 或前缀。例如,2016 年 5 月,日志含义 AS203959 宣布的前缀 191.86.129.0/24 是另一个自治系统宣布的更具体的前缀。后来,事实证明这不是有意的 BGP 劫持,而只是一次错误配置。据报道,劫持者是一名网络操作员,他在输入数字"0"时,错误地输入了数字"9"到"8",结果前缀变成了 191.96.129.0/24[77]。

另一个常见的错误发生在网络运营商试图将其 ASN 添加到宣布的路径时。AS 路径前缀是一种流量工程技术,它包括在路径上多次添加 ASN,从而使发布的路径由于路径长度膨胀而变得不那么理想。例如正确的路径可能是"47868 47868 47868 47868",结果错误写成"47868 3"或者"47868 48768 47868 47868",操作员将 ASN 重复次数的数字"3"写成"47868"而不是将 ASN 多次写成"47868 47868"时,或者当操作员输入 ASN 序列错误时,例如将"47868"写成"48768"时,就会发生 AS 前缀错误。前一种情况导致源劫持,后一种情况导致伪造 AS 路径[77]。

(2)高影响攻击

高影响攻击劫持会导致互联网内容提供商等不能被正常访问。也会导致 ISP 的网络用户不能正常访问互联网。若劫持云基础设施,其上运行的所有服务将无法被访问。可以想象,在企业网向云端迁移的今天,重要的云服务提供商被劫持是巨大的安全隐患。

(3)精致攻击

人们日常生活使用的应用软件、智能终端等,背后都要依赖 DNS 进行调度,DNS 已经由只是域名到 IP 的简单解析。精致的攻击常常经过精心设计,比如首先劫持重要服务的 DNS 权威解析服务器,然后伪造 DNS 解析应答,通过 DNS 解析牵引将互联网流量重定向。这种攻击设计精巧,即使前缀劫持恢复,由于 DNS 解析缓存等原因,故障恢复时间要比传统劫持时间长,危害巨大。

4.2 典型路由劫持事件

4.2.1 YouTube 劫持事件

2008 年 2 月 24 日,AS 175557 开始发送未经授权的前缀 208.65.153.0/24 的 announcement 报文。AS3491 将此公告转发向互联网,导致 YouTube 的流量在全球范围内被劫持[23]。在劫持开始之前,YouTube 宣告的前缀是 208.65.152.0/22,而 208.65.153.0/24 则是一个更具体的前缀。由于在 BGP 中更具体的前缀是首选,AS175557 有效地完成了劫持[78]。由于 YouTube 工作人员的快速检测和反应以及与其他提供商的合作,他们的服务在中断了大约一小时四十分钟后逐渐恢复。中断的确切持续时间取决于客户在互联网中的位置。整个事件的时间轴如下:

- AS36561(YouTube)持续宣告前缀 208.65.152.0/22。AS 36561 也宣告其他前缀,但是这些前缀与此次事件无关。
- 2008 年 2 月 24 日 18:47(UTC):AS17557 开始宣告前缀 208.65.153.0/24。AS 3491 向互联网传播了 AS 17557 对该前缀的宣告。世界范围内的路由器收到了这一宣告,YouTube 的流量被重定向到了 AS17557。
- 2008 年 2 月 24 日 20:07(UTC):AS 36561 开始宣告前缀 208.65.153.0/24。

当路由系统中有两个相同的前缀时,BGP 策略规则(如优先选择最短 AS 路径)将决定选择哪条路由。所以,AS 17557 仍然会劫持一部分 YouTube 的流量。

- 2008 年 2 月 24 日 20:18(UTC):AS36561 开始宣告前缀 208.65.153.128/25 和前缀 208.65.153.0/25。由于最长前缀匹配规则,所有收到这些宣告的路由器都会把流量发送给 YouTube。
- 2008 年 2 月 24 日 20:51(UTC):所有前缀公告,包括由 AS17557 通过 AS3491 发起的劫持/24,都可以看到另一个 AS 17557 的前缀。AS 路径越长,意味着更多的路由器选择由 YouTube 发出的通告。
- 2008 年 2 月 24 日 21:01(UTC):AS3491 撤回 AS 17557 的所有前缀,从而停止 208.65 .153.0/24 的劫持。注意,AS 17557 并没有被 AS 3491 完全断开。由 AS 起源的前缀仍由 AS 17557 通过 AS3491 公布。

4.2.2　亚马逊 Route53 劫持事件

2018 年 4 月 24 日,许多监控互联网路由和健康状况的平台指出,亚马逊的 Route 53(AWS 提供的 DNS 服务)前缀被劫持。此次事件的最终目标是从 myetherwallet.com 上窃取以太坊加密货币,超过 15 万美元的以太坊被盗。

破坏加密系统的一种方法是在交易中充当中间人。交易的两端都认为它们在与另一端的合法方对话,但实际上,一个恶意的攻击者在交易双方之间,改变两者传递的消息。对于此次事件,加密货币流向了攻击者。此次事件的攻击者通过劫持 Route 53 的 DNS 服务来成为中间人。劫持 DNS 服务的目的是改变域名绑定,使得解析器返回一个中间人服务器的欺骗地址。在此次事件中,攻击者通过控制一个小型 ISP(XLHost)来达到劫持 Route 53 DNS 服务的目的。XLHost 连接到 Equinix fabric,其在弗吉尼亚州阿什本和伊利诺伊州芝加哥的两个密集连接的交换点上对等,这使得攻击者能够访问大量的 ISP,以便在互联网上传播用于劫持的 BGP 报文。当亚马逊持续宣告 205.251.192.0/23 时,攻击者开始宣告一个更具体的前缀 205.251.193.0/24。亚马逊 DNS 服务器的流量开始流入 XLHost 网络。位于 XLHost 数据中心的是一个虚假的 DNS 服务器,它有选择地回答 MyEtherWallet.com 的查询,所有其他请求都被静默丢弃。亚马逊 Route 53 DNS 服务的客户(如 Instagram 和 CNN)成了这次攻击的附带害受害者[79]。对于此次事件,Isolario 和 RIPE Stats 观察到的信息如下[24]:

- 2018 年 4 月 24 日 11:04:00(UTC),从 Isolario 获的 BGP 更新表明,其 BGP 正确接收来自亚马逊(AS16509)的 205.251.192.0/23、205.251.194.0/23、205.251.196.0/23、205.251.198.0/23 的路由报文。

- 2018 年 4 月 24 日 11:05:41(UTC),Isolario 通过 BGP feeders 记录了第一个更具体的/24 恶意路由宣告,该公告来自与 XLHost(AS10297)对等的 AS8560。

- 2018 年 4 月 24 日 11:05:42(UTC),RIPE Stats 收集到了来自 XLHost(AS10297)的第一个更具体的恶意路由宣告,这个路由宣告是通过与 XLHost(AS10297)对等的 Hurricane Electric（AS6939）传播的。就在同一时间,Isolario 收到了通过 Hurricane Electric（AS6939）和 Shaw Communications Inc.（AS6327）传播的来自 XLHost（AS10297）的恶意宣告。

- 2018 年 4 月 24 日 12:55(UTC)左右,此次 BGP 劫持事件在持续了将近两个小时后结束,RIPE Stats 和 Isolario 开始观察到特定的恶意前缀从路由表中撤出。

4.2.3　Rostelecom 劫持事件

2020 年 4 月 1 日,UTC 时间下午 7:30 左右,Rostelecom 实施了一次大规模的 BGP 劫持。此次劫持事件涉及 8 000 多个前缀,Google、Facebook、Akamai、Cloudflare 和 Amazon 等一些大型网络服务提供商的流量被转移到 Rostelecom,并在那里被丢弃[80]。此次事件的时间轴如下:

- 2020 年 4 月 1 日 19:27:28 （UTC）,BGPmon.net 服务检测到一个可能的 BGP 劫持事件,涉及的前缀是 31.13.64.0/19,由 AS12389 宣告,此前缀通常由 AS 32934（FACEBOOK）宣告。

- 2020 年 4 月 1 日 19:30:00 （UTC）,Rostelecom 宣布了一条 Cloudflare 的服务的更具体的/21 路由。该路由被 Level 3 和 Hurricane Electric 接受,并传播给其他互联网服务提供商。对于一些流量通过相关 ISP 的用户,他们的流量从 Cloudflare 转移到 Rostelecom 的网络,并在那里被丢弃。虽然 Rostelecom 很快撤回了这条路由,但它造成了严重的流量中断。

- 2020 年 4 月 2 日 00:35:00 （UTC）,所有非法路由都被撤回,流量正常流向相应的服务。

安全公司 Qrator Labs 也对这些现象进行了监控,其对此次事件的分析如下:从 2020 年 4 月 1 日 19:28 UTC 开始,大约一个小时的时间里,Rostelecom（AS12389）宣告了属于著名互联网公司（Google、Facebook、Akamai、Cloudflare 和

Amazon 等）的前缀。在问题解决之前，最大的云网络之间的路径有些中断。路由通过 Rascom（AS20764），传播到 Cogent（AS174），并在几分钟内通过 Level3（AS3356）分发到世界各地。这个问题突然变得非常严重，它影响了一些一级互联网服务提供商的路由决策过程。

这起劫持事件似乎不是恶意的，因为非法公告很快就被撤回了。然而，如果 Rostelecom 的一些对等体，特别是 Level3 和 Hurricane Electric，没有接受这些路由并将其传播给其对等体，仅靠这些 Rostelecom 发出的路由宣告无法将流量引导到 Rostelecom。包括 Telia 和 NTT 在内的几家支持 RPKI 的互联网服务提供商没有接受这些路由，并继续将流量路由到适当的源 AS，从而有效地限制了 Rostelecom 公告错误的范围。

4.3 现有检测方法

4.3.1 控制平面检测

控制平面检测主要利用 BGP 路由快照和 BGP 路由更新报文构建全球实时路由表，根据 IP 路由前缀的 AS 归属状态以及路径关系来发现可疑的劫持事件。对于源劫持来说，主要判断 IP 路由前缀是否出现多源 AS 归属（MOAS）现象，对于路径劫持来说，主要根据相邻 AS 的稳定关系来判断是否发生了可疑的路径劫持。

PHAS[81] 是一种实路由异常检测和通知系统，可在前缀所有者的 BGP 来源发生变化时提醒他们。通过提供可靠且及时的源 AS 更改通知，PHAS 允许前缀所有者快速轻松地检测前缀劫持事件并迅速采取措施解决问题。用户使用 PHAS 都需要向服务器注册，并提供联系电子邮件地址。PHAS 旨在提供一种基于网络的注册服务，类似于标准的邮件列表注册过程。每个新用户通过一个安全的 HTTPS 会话，通过电子邮件地址和一个密码打开一个账户。此操作将被发送到该电子邮件地址以进行确认。一旦确认，注册就被提交，以后对账户的任何更改都通过 HTTPS 完成，注册时指定需要监测的前缀，并强烈鼓励每个注册者提交由不同电子邮件系统托管的多个电子邮件地址，以最大限度提高在面对前缀劫持时接收电子邮件的机会。理想情况下，只有前缀的合法所有者才应该注册。PHAS 的系统结构如图 4.2 所示。

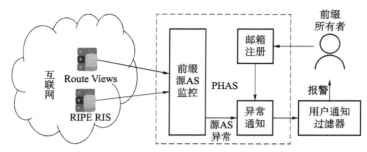

图 4.2　PHAS 的系统结构

　　PHAS 为每个注册的前缀维护当前源 AS 映射。如果映射有更改,则会生成一个前缀源 AS 变更事件。为了控制具有频繁起源变化的前缀的起源事件的数量,使用了一个基于时间窗的机制来减少起源变化的重复报告,但仍然保证立即通知新的前缀起源变化事件。PHAS 基于 Route Views 和 RIPE RIS 公开路由报文数据进行前缀源 AS 监控。而 Route Views 和 RIPE RIS 对路由信息的上传分别存在 15 分钟和 5 分钟的延时,因此监测系统不能实时地发现域间路由中的异常,另外该系统只对前缀源 AS 的异常进行监控,没有考虑 AS 路径的异常。

　　Cyclops[82] 是基于 AS 连接性来进行异常检测的系统,它收集和显示从路由观测点、路由服务器和 BGP 表中提取的 AS 级连接信息,以及互联网上数百个路由器的更新。从操作的角度来看,Cyclops 为 ISP 提供了一个如何从外部感知连通性的视角,从而能够将观察到的连通性和预期的连通性进行比较。ISP 可以使用该工具来检测和诊断基于伪造 AS 路径的 BGP 错误配置、路由泄漏或路由劫持事件。从研究的角度来看,Cyclops 能够提供每个网络的 AS 级连接的快照,这是研究 AS 级拓扑模型和域间路由协议的重要输入。Cyclops 的系统结构如图 4.3 所示。

　　Cyclops 的核心是拓扑显示器,如图 4.4 所示。该显示器显示了 AS 的拓扑连接变化信息。主要分为连接模式和变化模式。在连接模式下,t_1 时刻 AS 的所有邻居都在图中表示,每个节点代表一个 AS。在变化模式下,只显示在间隔$[t_0, t_1]$内发生的链路移除和添加。为了进一步了解每个节点/链路的重要性,使用了以下参数:AS 度、AS 类型、链路的年龄和每个链路所携带的路由数量。通过改变时序活动窗口,用户可以拥有整个观察期间连接变化的汇总视图,从而能够检测异常事件。图中绿色的条表示 7 天时间段内的新链接数量,而时间轴另一侧的红色条表示消失后的链接数量。活动图使用户能够识别具有异常更改数量的时间段,并进一步更详细地检查这些时间段。当路由劫持异常事件发生时,受影响 AS 链路连接会发生显著变化,同时活动窗口可以观察到该 AS 的显著变化。

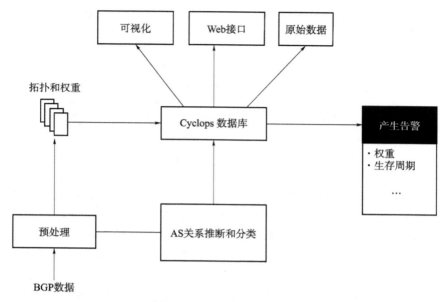

图 4.3 Cyclops 的系统结构

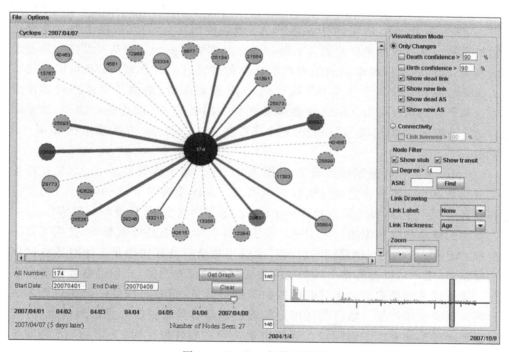

图 4.4 Cyclops 拓扑显示器

ARTEMIS(自动和实时检测和缓解系统)[76]是一种前缀劫持防御方法,该方法基于 AS 自身操作的准确和快速监测,利用公共可用的 BGP 监控服务的普遍性及其最近的实时流的流向实现灵活和快速的劫持事件缓解。ARTEMIS 可以在前缀劫持发生的一分钟内将其中和。

由于技术和实际可部署性的问题,目前的响应式方法在很大程度上是不充分的。ARTEMIS 可以解决这些问题,它是一种基于控制平面监测的自操作统一检测和缓解方法。ARTEMIS 提出了一个描述所有攻击场景变化的模块化分类方法,使得 ARTEMIS 可以覆盖所有劫持攻击类型。ARTEMIS 检测由网络运营商直接运行,不依赖第三方,从而充分和持续地(可能是自动地)利用最新信息,在大多数攻击场景中实现 0% 的 FP 和 FN,以及实现了可配置的 FP -FN 权衡。同时,ARTEMIS 允许应用服务器快速消除攻击。根据在互联网上进行的真实实验,ARTEMIS 可以在几秒内检测到攻击,并在一分钟内消除攻击。ARTEMIS 为检测提供了充分的隐私,并提供了实现自我操作缓解的选项。由于本地私有信息的可用性及其完全自动化的方法,ARTEMIS 可以灵活地为每个前缀和每个攻击类别定制缓解措施(自行操作或第三方辅助)。

4.3.2　数据平面检测

数据平面方法使用 ping/traceroute 检测数据平面上的劫持。当观察到前缀的可达性或通向它的路径发生重大变化时,它们会持续监控前缀的连接性并发出警报。

iSPY[83]是一种前缀劫持检测方法,通过基于轻量级前缀所有者的主动探测来监控从关键外部传输网络到自己网络的可达性,从而实现实时、准确、轻量级、易于部署的前缀劫持检测系统。使用前缀所有者的可达性视图,可以根据劫持可能导致拓扑更多样化的污染网络和不可达性的观察来区分 IP 前缀劫持和网络故障。iSPY 可以由网络运营商自己部署。然而,它无法可靠地检测子前缀劫持事件,因为它针对每个前缀的几个 IP 地址,并且可能受到临时链路故障或受害者网络附近拥塞的严重影响,从而导致误报率增加。

Zheng 等人[84]提出了一种不同的方法,该方法主要利用从数据平面收集的信息。他们的方法受到两个关键观察的启发:当前缀未被劫持时,①从源到该前缀的路径的跳数通常是稳定的;②只要参考点在拓扑上接近前缀,从一个源到这个前缀的路径几乎总是从同一个源到参考点沿先前路径的路径,即超级路径。通过仔细选择多个有利位置并从这些有利位置监控与这两个观察结果的任何偏差,他们的方法能够以轻量级、分布式和实时的方式高精度地检测前缀劫持。

4.3.3　混合检测

Hu 等人[85]提出了一种可以实时准确地检测 IP 前缀劫持的技术,首次利用数据平面和控制平面信息的一致性来识别 IP 劫持攻击。劫持攻击者可能会劫持受害者的地址空间以破坏网络服务,或在不暴露身份的情况下进行恶意活动,如垃圾邮件和 Dos 攻击。Hu 等人提出了将被动收集的 BGP 路由更新分析与可疑前缀的数据平面指纹相结合的方法,提高了前缀劫持的检测精度。这一技术的关键是使用边缘网络指纹形式的数据平面信息来消除基于路由异常检测的可疑 IP 劫持事件的歧义。数据平面指纹的冲突为 IP 前缀劫持提供了更明确的证据。

Argus[86]是一个能够准确检测前缀劫持并快速推断路由异常原因的系统,其使用将控制平面和数据平面紧密而广泛地联系在一起的方法进行前缀劫持检测。Argus 由三个主要模块组成:异常监测模块(AMM)、实时 IP 检索模块(LRM)和劫持识别模块(HIM)。异常监控模块从 BGPmon 接收实时 BGP 更新,当 AMM 收到 UPDATE 消息时,将根据本地路由信息数据库检查嵌入的 AS 路径是否存在异常的源 AS 或异常的 AS 路径段。活跃 IP 检索模块通过定期从各种来源收集活跃 IP 来维护一个活跃 IP 池。对于异常前缀 F,它将仔细选择一个活跃 IP 作为识别模块的探测目标。劫持识别模块负责从多个有利位置收集信息,计算异常路由事件的指纹,并对可疑前缀是否真的被劫持做出最终决定。Argus 的系统结构如图 4.5 所示。

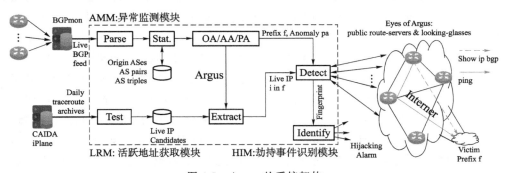

图 4.5　Argus 的系统架构

Johann Schlamp 等人进一步提出、实现和测试了劫持事件分析程序 HEAP[87]。他们的方法旨在与以前的工作无缝集成,以减少这些技术固有的高误报率。他们利用几个独特的数据源,比如互联网号码注册信息和互联网路由注册信息来进行事件的过滤和评估。首先,他们利用 Internet 路由注册来分析事件中涉及的各方之间的业务或组织关系。其次,使用基于拓扑的推理算法来排除由合规操作实践引起的事件。最后,使用互联网范围的网络扫描来识别启用 SSL/ TLS 的主机,有助于通过比较事件之前和事件期间的公钥来识别非恶意事件。HEAP 第一次尝试使用互联网路由知识对合规事件进行过滤分析,并且结合主动探测进行进一步验证,进而降低事件的误报率。HEAP 的系统结构如图 4.6 所示。

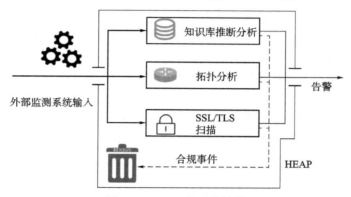

图 4.6 HEAP 的系统结构

Themis[88] 提出了一种新的源劫持检测系统,在现有的控制平面分析和数据平面探测之间添加机器学习分类器。分类器负责将 MOAS 冲突分类为合法的 MOAS 和潜在的劫持事件。机器学习需要大量的样本数据,Themis 巧妙地设计了基于知识的过滤器,结合外部系统数据和邮件验证,建立基础的事件验证数据集。经过分类器识别后,Themis 只需要在数据平面执行探测少量探测即可识别潜在的劫持事件。评估显示,Themis 比 Argus 平均降低了 56.69% 的验证成本,并在许多同时发生 MOAS 冲突时显著加快了检测。由于分类器很少有假阴性,且 Themis 使用与 Argus 相同的数据平面方法,因此 Themis 的总体精度几乎与 Argus 完全相同。Themis 的系统结构如图 4.7 所示。

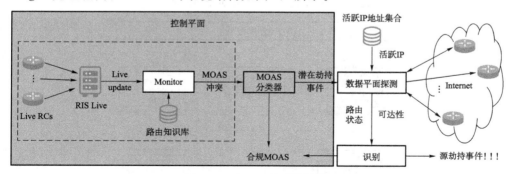

图 4.7 Themis 的系统结构

当前三种劫持事件监测方法都存在一些不足:控制平面监测方法所使用的数据数量庞大且复杂,监测结果准确性较低;数据平面监测方法需要使用部署在不同自治域系统中的探测设备对网络状况进行持续性探测,设备探测结果对系统判断有直接影响,该类方案部署成本高且对探测设备的部署覆盖范围有较高要求;复合劫持监测方法虽然相较于数据平面劫持监测系统提高了实时性和准确性,但是仍存在数据平面监测方法的缺点。此外,当前劫持事件监测方法多关注监测结果的误报率和漏报率,忽视了前缀劫持事件的敏感性和重要性,容易导致重大劫持事件不被关注或漏报。

自治域系统有多维度的属性信息,包括国家归属、机构归属、名称、描述、技术责任人、行业性质等静态信息,也包括宣告的 IP 前缀、邻接关系等动态信息,此外,将受影响 IP 前缀与应用服务进行映射,可以对前缀劫持事件的敏感程度进行判断。上述信息可以通过互联网注册机构开放的下载地址获得,经过信息处理和关联分析,可以形成较完备的自治域系统知识谱系,这为提高 BGP 劫持事件监测效率提供了新的方法和思路。

4.4 基于知识过滤的路由劫持检测方法

针对传统路由前缀劫持检测依赖于广泛的基础测量实施以及缺乏实时更新的基础知识库而造成的误判问题,为了解决这些问题,本章提出基于知识学习的网间路由攻击检测方法。从海量的历史路由报文和实时路由报文挖掘网间码号资源的稳定度关系,设计安全的网间路由策略共享机制,结合自治域的多维属性信息,降低由合规 MOAS、自治域多元机构归属、地址代播以及地址交易造成的路由攻击行为检测误判问题,实现轻量级的路由攻击实时检测,并实现路由安全事件的定级评估[89]。基于知识过滤的路由劫持检测框架如图 4.8 所示。

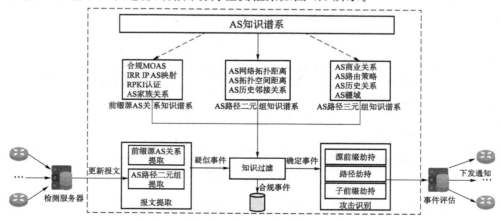

图 4.8 基于知识过滤的路由劫持检测框架

4.4.1　疑似事件检测

从路径位置来看,路由劫持主要包括源 AS 劫持和路径劫持。源 AS 劫持的主要特征是路由前缀被多个 AS 宣告。IP 前缀同时被多个 AS 宣告的情况被称为 MOAS(Multiple Origin Autonomous System)冲突,在 BGP 域间路由报文中的直观表现为同一个 IP 前缀对应的两条或多条 AS 路径结尾的 ASN 不同。例如,对于 IP 前缀 P,存在两条路径[6939 4766 1234]和[174 4766 4567],则 IP 前缀 P 就发生了 MOAS 冲突。路径劫持主要表现为劫持者可能宣布伪造路径,但劫持者不作为 AS_PATH 的路径起点,劫持者可以将合法的路径起点 AS 或不相关的 AS 作为路径起点。基于这些特征,本章提出的算法以路由 RIB 文件和路由更新文件为基础,在内存中构建全球实时路由表,每接收到一条路由更新报文,动态更新内存中路由表的前缀路径信息,根据前缀路由归属源头和路由状态判断是否发生劫持,算法如图 4.9 所示。具体算法如下:

(1)前缀劫持

BGP 域间路由 MOAS 冲突事件实时监测工作进行前需要使用完整域间路由表文件和现有知识库在内存中构建域间路由前缀树,域间路由前缀树既作为前缀快速查找工具,也可用来保存 IP 前缀相关信息及状态,IP 前缀初始信息包括所属 AS、观测点 AS 及其对应 AS 路径、初始化时间等,IP 前缀初始状态为非 MOAS 冲突状态。然后开始按照时间顺序对域间路由报文监测,根据报文类型提取不同信息,观测报文中 IP 前缀与所属 AS 的对应关系与域间路由前缀树中状态是否相同,若发现某 IP 前缀发生 MOAS 冲突,则将该 MOAS 时间加入 MOAS 冲突事件列表,改变域间路由前缀树中该 IP 前缀的相关状态为 MOAS 冲突状态,修改域间路由前缀树中该 IP 前缀域间路由信息中的所属 AS 集合并修改 MOAS 冲突开始时间。若通过撤回报文发现某 IP 前缀重新恢复到正常状态,则判断该 MOAS 冲突事件结束,修改域间路由前缀树中该 IP 前缀的状态为非 MOAS 状态,修改域间路由前缀树该 IP 前缀域间路由信息中的所属 AS 集合并加入结束时间。若某 IP 前缀进入 MOAS 冲突状态,需要在后续的监测过程中从该 IP 前缀相关的域间路由报文中抽取 AS 路径信息直到监测到该事件结束,将该 MOAS 冲突事件发生过程中的 AS 路径信息加入内存数据库以支持事件的回放功能。

(2)路径劫持

路由中间人攻击主要体现在 AS 传播路径中恶意的插入了在邻接关系上不存在商业关系的连接,主要体现在 BGP AS_PATH 中任意的二元组是否合规。基于 AS 疆域信息和网络拓扑分析,AS 在网络拓扑中和地理疆域中存在一定距离,在路径异常中,路径中出现了不该出现的 AS,其中一个表现为 AS 间的网络距离和地理距离出现了异常,这些异常可以作为路径劫持过滤的依据。

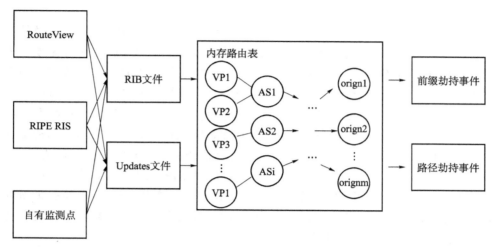

图 4.9　基于内存实时快照的疑似事件检测

4.4.2　事件合规性过滤

导致 MOAS 冲突的原因有很多,例如:跨国机构或商业合作机构 AS 间采用的合规域间路由策略,多个 AS 会宣告同一个 IP 前缀达到分流的效果;AS 交换点的前缀会被该交换点下多个 AS 同时宣告;错误配置导致的 MOAS 冲突。多重合规性过滤子模块主要负责对 MOAS 冲突事件监测子模块监测到的 MOAS 冲突事件进行合规性过滤,判断其是否为前缀劫持事件。本子模块主要从 AS 关系过滤、AS 类型过滤、前缀类型过滤和事件稳定性过滤等四个维度对 MOAS 冲突事件进行合规性过滤,当任一维度判断该事件为前缀劫持事件或所有维度都认为该事件为合规事件后,本子模块将以布尔值的形式返回过滤结果。若该 MOAS 冲突事件被判定为前缀劫持事件。MOAS 冲突事件检测如表 4.1 所示。

疑似劫持事件合规性过滤规则具体如下:
- AS 关系过滤:主要从攻击者 AS 和受害者 AS 关系进行判断;
  若双方属于同一机构,则判断为合规事件;
  若双方责任联系人相同,则判断为合规事件;
  若双方存在信息交换关系,则判断为合规事件;
  若双方为拓扑邻接关系,则判断为合规事件;
  若攻击者 AS 在域间路由拓扑处于受害者 AS 下游,则判断为合规事件。

表 4.1   MOAS 冲突事件检测

算法 4.1: MOAS 冲突事件监测
输入: 路由前缀地址树 **T**; BGP 更新报文 **m**
输出: 路由前缀劫持疑似列表 **L**
1 $prefix = $ **m** 的 $prefix$ 字段;
2 $vp = $ **m** 的 VP 字段;
3 **if m** 是路由更新报文 **then**
4    $AS_path = $ **m** 的 AS PATH 字段;
5    $Origin_AS = $ **m** 的 AS PATH 字段中的最后一个 AS;
6 **end**
7 **if m** 是路由更新报文并且 $prefix$ 不在 **T** 中 **then**
8   **if** $prefix$ 的父前缀在 **T** 中 **then**
9     $Parent\_Origin\_AS = prefix$ 的父前缀在 **T** 中的源 AS;
10   **if** $Origin\_AS != Parent\_Origin\_AS$ **then**
11   将子前缀劫持疑似事件加入 **L**;
12   **end**
13   **end**
14 **end**
15 **if** 需要根据 vp 更新 **T** 中节点信息 **then**
16   **if** 需要改变状态 **then**
17   **if** 目前 $prefix$ 疑似被劫持 **then**
18     $prefix$ 的疑似劫持事件结束;
19   **else**
20   将前缀劫持疑似事件加入 **L**;
21   **end**
22   **end**
23 **end**
24 更新路由前缀地址树 **T** 的节点信息;
25 **return L**;

- AS 属性过滤:主要从攻击者 AS 和受害者 AS 属性进行判断;
  若双方中存在一方为私有 AS 或测试 AS,则判断为合规事件;
  若双方中存在 IXP 用来做信息交换,则判断为合规事件;
  若双方中存在一方为 DDoS 防御 AS,则判断为合规事件;
- IP 前缀类型过滤:主要从 IP 前缀类型进行判断;
  若 IP 前缀为稳定 MOAS 前缀,则判断为合规事件;
  若 IP 前缀为 Bogon 前缀,则判断为前缀劫持事件。
- 事件稳定性过滤:主要从事件稳定性进行判断。
  若该事件为历史稳定 MOAS 冲突事件,则判断为合规事件;
  若该事件持续事件超过设定的阈值,则判断为合规事件;
  若时间重复发生次数超过抖动阈值,则判断为合规事件。

4.4.3 事件定级评估

- 路由前缀劫持涉及的前缀包含重要应用服务(与国计民生相关的重点应用)或者包含重要应用服务的权威解析服务,则判定为大规模路由劫持事件。
- 路由前缀劫持涉及的前缀包含较少应用服务且不包含重要应用服务,不包含应用服务的权威解析服务,则判定为中等规模路由劫持事件。
- 路由前缀劫持涉及的前缀不包含应用服务判定为低等级路由劫持事件。

MOAS 冲突事件合规性过滤如表 4.2 所示。

表 4.2 MOAS 冲突事件合规性过滤

算法 4.2: MOAS 冲突事件合规性过滤

输入: 路由信息 R; MOAS 事件 M
输出: MOAS 事件合规性信息 A

```
1  A = 0;
2  if AS 关系维度过滤合规 then
3  │   if AS 属性维度过滤合规 then
4  │   │   if 前缀类型维度过滤合规 then
5  │   │   │   if 事件稳定性维度过滤合规 then
6  │   │   │   │   将 M 判定为合规 MOAS 事件;
7  │   │   │   │   A = 1;
8  │   │   │   else
9  │   │   │   │   将 M 判定为劫持事件;
10 │   │   │   end
11 │   │   else
12 │   │   │   将 M 判定为劫持事件;
13 │   │   end
14 │   else
15 │   │   将 M 判定为劫持事件;
16 │   end
17 else
18 │   将 M 判定为劫持事件;
19 end
20 if A = 0 then
21 │   评判 M 的事件重要性等级;
22 end
23 return A;
```

第 5 章
互联网域间路由泄露监测

5.1 路由泄露事件分类

路由泄露是指路由公告的传播超出了其预定范围。预定范围的具体定义通常是指基于自治系统之间业务关系的域间路由策略。RFC7908 定义了六种路由泄露类型,下面分别介绍每种路由泄露类型[25,90]。

5.1.1 "发夹弯"型泄露

图 5.1 所示为一个"发夹弯"型泄露,这是一个典型的路由泄露场景。在这条路由传播路径中,AS1 和 AS2、AS2 和 AS3 是客户与提供商关系,AS3 和 AS4 是对等体商业关系,AS4 和 AS5 是提供商与客户关系,AS5 和 AS6 是客户与提供商关系。在路由传播的开始,从 AS1 到 AS3 是上行阶段,AS3 和 AS4 是对等互联阶段,在这些阶段,路由传播是没有问题的。从 AS4 到 AS5 是下行阶段,但是 AS5 把来自上游 AS4 的路由传播给了给另外一个上游提供商 AS6(路径发生了转弯,类似于发夹),路由传播形成了一个标准的谷底形状。

该类泄露是典型的路由泄露类型,在许多情况下,从提供商的角度,客户路由比对等体或提供商路由更可取。在流量传输过程中,AS6 可能更愿意通过 AS5 而非其他对等点或提供商路由转发流量,导致 AS5 成为一个过境提供商。AS5 可能不具备较大的带宽来处理大量的过境流量,进而会导致路由中断。2012 年 2 月 23 日,澳大利亚 Dodo 网络(AS38285)发生了某种形式的事故,将一家提供商 Optus(AS7474)的路由(包含了两家大型交换中心的路由)泄露给了另外一家提供商 Telstra(AS1221),当时正值澳大利亚的业务使用高峰期。Telstra 是澳大利亚主

・ 101 ・

要的传输提供商之一,因此影响 Telstra 客户的故障会影响很多澳大利亚互联网用户,整个国家大部分地区出现互联网瘫痪[91]。

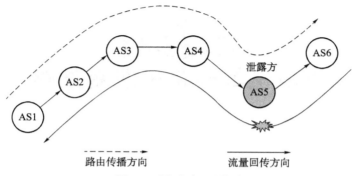

图 5.1 "发夹弯"型泄露

5.1.2 对等体横向泄露

对等体横向泄露常发生在三个连续的 ISP 对等体(例如 ISP-a、ISP-b 和 ISP-c)之间,ISP-b 从 ISP-a 接收到路由,然后将其泄露给 ISP-c 的情况下。一般情况下,对等体之间的典型路由策略是,它们应该只向彼此传播各自的客户前缀流量和内部流量,违反该策略流量将会被丢弃。图 5.2 所示为一个对等体横向泄露案例,AS1 和 AS2、AS2 和 AS3 是客户与提供商关系,AS3 和 AS4、AS4 和 AS5 是对等体商业关系,AS5 和 AS6 是提供商与客户关系。在路由传播的开始,从 AS1 到 AS3 是上行阶段,在对等互联阶段,AS4 将 AS3 传播的路由泄露给了 AS5,当流量回传时,AS4 只接收来自 AS5 及其客户的流量,从 AS5 过境 AS3 的流量将会被丢弃,因为 AS3 和 AS4 的商业关系可能不允许其他 AS 的流量过境。这类泄露的示例包括依次出现三个以上的非常大型的网络。非常大型的网络不会相互从对方购买中继,如果路径中依次出现三个以上的此类网络,往往表明存在路由泄露。

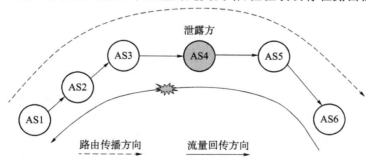

图 5.2 对等体横向泄露

5.1.3 下坡对等体泄露

当有问题的自治系统将从它的传输提供者那里学到的路由泄露给横向（即非传输）对等体时，就会发生这种类型的路由泄露，如图 5.3 所示。在这条路由传播路径中，AS1 和 AS2、AS2 和 AS3 是客户与提供商关系，AS3 和 AS4 是对等体商业关系，AS4 和 AS5 是提供商与客户关系，AS5 和 AS6 是对等体关系。一般情况下，对等体之间的典型路由策略是，它们应该只向彼此传播各自的客户前缀流量和内部流量。当 AS5 将提供方学到的路由泄露给 AS6 后，AS6 变成了过境提供商，其流量转发能力可能应对突发的非正常流量，可能会出现路由中断。

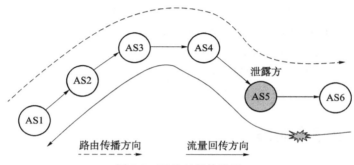

图 5.3 下坡对等体泄露

5.1.4 上坡对等体泄露

当有问题的自治系统将从横向（即非传输）对等体学到的路由泄露给它自己的传输提供者时，就会发生这种类型的路由泄露。这些泄露的路由通常来自横向对等体的客户端，如图 5.4 所示。在这条路由传播路径中，AS1 和 AS2 是对等体，

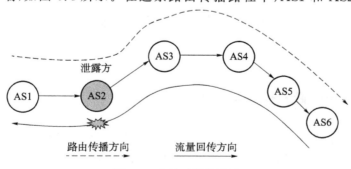

图 5.4 上坡对等体泄露

AS2 和 AS3 是客户与提供商的关系,AS2 将从 AS1 学到的路由泄露给 AS3,导致 AS2 作为一个过境提供商,当过境流量超过其负载时,可能产生路由中断。

2018 年 11 月发生了一起类似事件,尼日利亚 AS37282(Mainone)违反无谷底原则,将对等体 Google 相关路由前缀泄露给其提供商,当流量过境时,AS37282 不具备流量过境能力,产生了路由中断,大量去往 Google 的访问被中断。

5.1.5　路由前缀聚合重新宣告

多归属自治系统从一个上游 ISP 学习到路由,并将该前缀宣布给另一个上游 ISP,就好像它是由它自己发起的一样(即剥离接收到的 AS 宣告路径并重新生成前缀宣告路径),这称为重新发起或错误发起前缀宣告。有时候可能存在一条到合法的原始自治系统的反向路径,数据包通过泄露的自治系统到达合法的目的地,但有时可能不存在相反的路径,并且指向泄露前缀的数据包可能会在泄露的 AS 上被简单地丢弃。这可以称为重新发起或错误发起。然而,以某种方式,反向路径到合法的起源是可能的存在,数据包到达合法的目的地通过泄露的 AS。

5.1.6　内部路由泄露

AS 只是将其内部前缀泄露给它的一个或多个传输提供商或 ISP 对等体。泄露的内部前缀通常是包含的更具体的前缀,或者一个已经公布的,不太具体的前缀。这些前缀在 BGP 中不被路由。此外,接收这些泄露的自治系统无法过滤它们。内部路由泄露频繁发生(例如,一周多次),以及前缀的数量每次泄露的数量从数百到数千不等。2014 年 8 月,AS701 和 AS705 泄露约 22 000 个已经公布的聚合的特定前缀。

5.2　典型事件分析

5.2.1　Google 路由泄露事件

Google 是世界上最大的(CDN)网络之一。它有一个开放的对等政策,并且与许多同行有着非常好的联系。它也是 Youtube、Google 搜索、Google Drive、Google Compute 等热门网站的大量流量来源。因此,许多网络仅与 Google 交换大量流量,而那些与 Google 直接对等的网络将想要确保 Google 为它们选择正确的对等链接。UTC 时间 2017 年 8 月 25 日 03:22 分,Google 向 Verizon"泄露"了一个大路由表时,问题就开始了,结果是来自 NTT 和 KDDI 等日本巨头的流量被发送到 Google,期望它被视为中转。事件发生期间,通过 Google 和 Verizon 可以看到超过 24 000 个新的更具体的 NTT 前缀。TT 是日本的一家主要 ISP,为 767 万家庭用户和 48 万家公司提供服务,这些前缀包含了网上银行门户、火车票预订系统、重要社交网站等,流量过大导致 Google 网络出现严重拥塞而被丢弃,进而造成整个国家互联网出现中断。

5.2.2 Mainone 路由泄露事件

UTC 时间 2018 年 11 月 13 日尼日利亚 Mainone(AS37282)将 Google(AS15169)前缀 216.58.192.0/19 宣告给中国电信,造成路由泄露。Mainone(AS37282)与 Google(AS15169)是对等体关系,Mainone(AS37282)与中国电信(AS4809)也是 Customer-Provider 关系,在域间路由管理上,Customer 不能将从一个 Peer 学到的路由宣告给另外一个 Provider,这违反了路由的无谷底原则(如果宣告了,这个 Customer 就成了一个传输型 AS,大量到 Google 的流量都会经过这个 Customer 中转,显然这对这个 Customer 是不利的,它的基础设施也不支持这种流量转发,一般流量到这个 Customer 的边界就会被丢弃)

造成的影响:到 Google 的流量经过 Mainone(AS37282)肯定被丢弃,然而由于中国电信在这个路径上,大家认为是中国电信屏蔽了 Google 的流量。其实应该是 Mainone(AS37282)丢弃流量,造成了流量黑洞。

5.3 现有检测方法

5.3.1 基于"无谷"准则

其检测原理主要还是基于"无谷"准则,Gao 提出了"无谷"准则的三个基本原则[63],认为 BGP 路径是分层的或"无谷"的。对 BGP 路由结构"无谷"的假设反映了互联网中商业关系的典型现实,这也是后来推断 AS 之间数据交换是否违反商业关系的基本准则。此外,在文献中提出的交叉路径的增量方法也可以很好地实现路由泄露的检测[92]。

基于"无谷"准则进行检测时,需要一个稳定的 AS 商业关系数据库,Matthew 和 Bradley 在这方面做了很多工作,他们提出了互联网域间结构的三个假设[67]:①一个作为运营商的 AS 和 BGP 网络中的其他 AS 是互相可达的;②在互联网层次结构的顶部存在一个 AS 对等团体,并且它们之间没有 P2C 连接;③一个非运营商 AS 要想获得网络传送服务,必须和运营商建立 P2C 连接。基于三个基本假设,他们实现了一个开源的 AS 商业关系数据库,并且验证了 12 万个 P2P 和 P2C 连接,准确率分别达到了 99.6% 和 98.7%。

基于成熟的 AS 商业关系数据库和"无谷"准则,在 2014 年,Benjamin 基于现有的 BGP 开源数据 BGP Stream 和 Route View,利用"无谷"检测的基本规则,用数据分析的相关方法设计并实现了一个 BGP 路由泄露的初级检测系统[93],验证了"无谷"准则的普适性。但是这个系统对 AS 商业关系数据库过分依赖,不能对互联网结构的变化做出感知,在实时检测中会导致大量的误匹配。此外,这个系统在检测泄露持续时长的算法、数据来源的多样化、结果分析等方面也存在一些不足,存在很多可以改进的地方。

5.3.2　基于机器学习方法

通过分析大量历史路由泄露事件,基于特征的变化特点提取加权特征,然后通过决策树或 SVM 分类器进行训练,拟合出各个特征和检测结果的关系,检测时算法实时提取 BGP 更新报文的相关特征进行路由泄露事件的检测[94]。机器学习的方法前期训练模型需要消耗大量的计算资源,对单机性能要求较高。此外,训练模型需要对大量的历史数据手动进行数据标定,比较耗时。同时由于路由泄露事件特征的复杂多样,影响路由泄露的不确定因素较多,比如人工配置错误,局部网络动荡,都可能对模型的训练造成干扰。

5.4　实时路由泄露检测算法

由于有些路由泄露发生后不会造成网络中断,可能不容易及时发现,因此"事后"预防这种模式往往会给网络治理带来很大的安全隐患。因此,要预测路由泄露,必须从路由的控制层面入手。在路由的控制层面,最先感知到路由泄露的就是 BGP UPDATE 报文,UPDATE 报文中包含到达目标前缀的 AS PATH,当到达某个目标前缀的 AS 路径发生改变时,UPDATE 报文能够最先感知到。因此对于路由泄露检测的问题就可以简化到分析 BGP 的实时 UPDATE 更新报文。

如图 5.5 所示,模型通过分析 BGP 的实时更新报文,检测出路由策略中的异常的 AS 路径,从而定位出路由泄露事件的摘要信息,通过风险评估和路由稳定度分析,筛选出可疑程度最高的路由泄露事件。路由泄露的实时检测算法由 4 个子算法组成,包括 AS 商业关系推断算法、泄露检测算法、风险评估算法和路由稳定度分析算法[95]。

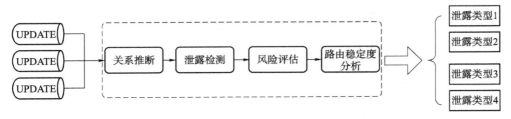

图 5.5　实时路由泄露监测方法路由泄露监测算法

5.4.1　AS 商业关系推断算法

路由泄露检测算法的准确性依赖于 AS 商业关系数据库的准确性和完备性,但实际现有的 AS 商业关系数据库由于诸多限制,比如很多私密的 AS 商业关系探测不到,因此实时检测模块出现检测不到商业关系的 AS 路径三元组的情况。针对这个问题,本章提出了一种基于 AS 客户列表的 AS 商业关系的关联推测算法。

首先,根据 CAIDA(Center for Applied Internet Data Analysis)开放的 AS Rank 数据库,获取每个 AS 的客户列表和服务商列表,这是 AS 商业关系推断的基础。客户列表和服务商列表是很多 AS 的集合,AS 和客户列表中的 AS 都建立了 P2C 或 P2P 关系,和服务商列表中的 AS 都建立了 C2P 关系。AS 关系推断的基本假设如图 3.19 所示,ISP A 与 ISP B 建立了 P2C 关系,ISP B 与 ISP D 建立了 P2C 关系,则可以间接推断出 ISP A 与 ISP D 建立了 P2C 关系。当 ISP A 与 ISP D 中间经过的 BGP 路径更长时,本章假设也满足这个关系。

当进行 AS 商业关系推断时,把 AS 的运营商称为该 AS 的上游,把 AS 的客户称为该 AS 的下游,当两个 AS 的商业关系未知时,只需要在一个 AS 的上游和下游递归查找,若能查到,则可以间接推断两个 AS 的商业关系;若查不到,通过 AS Rank 查询两个 AS 的排名,AS Rank 是根据 AS 的前缀数目、AS 的客户规模等指标进行排名,一般排名靠前的 AS 为排名靠后 AS 的运营商,这个规则不是绝对的,但当两个 AS 很难界定其商业关系时,这里不失一般性地借助这个规则进行粗略的推断。AS 商业关系推断算法的实现如表 5.1 和表 5.2 所示,主要由两部分组成。

表 5.1　AS 搜索

算法 5.1: AS 搜索

输入: AS 集合 **Set**, 目标 AS **A**

输出: True 或者 False

1 $i \longleftarrow 1$;

2 $length \longleftarrow length\ of\ chain$;

3 **while** $i \leq length$ **do**

4   **if** **Set**$[i]$ = **A** **then**

5   **return** **True**;

6   **else**

7       $i \longleftarrow i + 1$;

8   continue;

9   **end**

10 **end**

11 **return** False;

表 5.2　AS 商业关系推断

算法 5.2: AS 商业关系推断

输入: AS **A**, AS **B**

输出: **A** 与 **B** 之间的商业关系

1 **if** **Search_Target_AS**$(first\ level\ customers\ of\ \mathbf{A}, \mathbf{B})$ = $True\ or$ **Search_Target_AS**$(second\ level\ customers\ of\ \mathbf{A}, \mathbf{B})$ = $True\ or$ **Search_Target_AS**$(third\ level\ customers\ of\ \mathbf{A}, \mathbf{B})$ = $True$ **then**

2   **return** "C2P";

3 **else**

4   **if** **Search_Target_AS**$(first\ level\ customers\ of\ \mathbf{B}, \mathbf{A})$ = $True\ or$ **Search_Target_AS**$(second\ level\ customers\ of\ \mathbf{B}, \mathbf{A})$ = $True\ or$ **Search_Target_AS**$(third\ level\ customers\ of\ \mathbf{B}, \mathbf{A})$ = $True$ **then**

5   **return** "C2P";

6   **else**

7   **if** $AS\_Rank(\mathbf{A}) > AS\_Rank(\mathbf{B})$ **then**

8   **return** "P2C";

9   **else**

10   **return** "C2P";

11   **end**

12   **end**

13 **end**

5.4.2　路由泄露精确匹配算法

在实时检测阶段,解析后的 BGP 报文数据流经过路由泄露的实时检测模块,能够初步检测出疑似泄露事件。在路由泄露的实时检测模块,本章使用三元组(泄露源-泄露点-泄露目标)来定位一个泄露事件。为了从 AS 路径中快速定位出是否存在路由泄露事件,本算法采用了状态机的检测模型,整个状态机分为三个状态,初态、中间态和终态,将泄露源和泄露点之间的商业关系以及泄露点和泄露目标之间的商业关系作为状态转移的条件。通过状态机检测,可以对整个 AS 路径中从左往右快速的进行检测,在检测到泄露事件发生时提前中止,状态机的具体检测流程如图 5.6 所示。图中的"正常结束"状态表示没有泄露存在,终态 e1、e2、e3、e4 表示 4 种不同的泄露事件类型。同时,在实时检测阶段,也排除了 AS 路径中由于出现同组织,同机构或交换节点造成的不合理的商业关系而导致检测出的泄露事件。

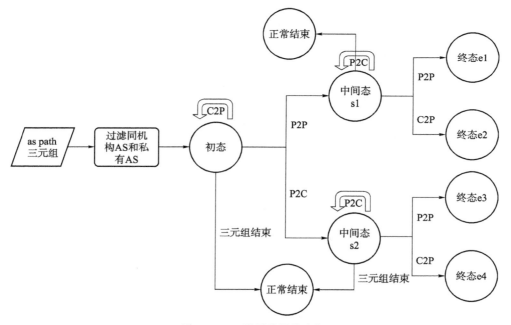

图 5.6　AS 泄露检测状态机

在实时检测之前,首先必须要做的预处理是将从 BGP 更新报文中提取的 AS path 通过查询 AS 商业关系数据库得到其对应商业关系 path,然后将其输入路由泄露检测算法的状态机。

由于表征一个路由泄露事件只需要两对商业关系,可以抽象为前后两个状态,从四种泄露类型可以看出,如果前面的状态为"C2P"时,当前的三元组为正常状态;如果前面的状态为"P2P"或"P2C"时,就需要检测它的后面的一个状态;如果后面的状态为"P2C"时,当前的三元组就为正常状态;如果后面的状态为"P2P"或"C2P"时,当前的三元组就违反了"无谷"规则,初步标识为一个泄露的可疑事件。

当整条 AS 商业 path 全部判断完成且都为正常状态，表示当前 AS path 没有出现路由泄露，整个路由泄露检测的状态机就是根据这个原理实现的。整个路由泄露实时检测算法的算法实现如表 5.3 所示，其中算法的输入是 AS path 转化的 AS 商业关系链，是一个商业关系的集合。

表 5.3　实时路由泄露监测算法

算法 5.3: 实时路由泄露检测算法
　　输入：AS 商业关系链 *chain*
　　输出：最终监测结果

1　*length* ⟵ *length of chain*;
2　*i* ⟵ 1;
3　**while** *i* ≤ *length* **do**
4　　**if** *chain*[*i*] = "*C2P*" **then**
5　　　*i* ⟵ *i* + 1;
6　　**else**
7　　　**if** *chain*[*i*] = "*P2P*" **then**
8　　　　*i* ⟵ *i* + 1;
9　　　　**while** *i* ≤ *length* **do**
10　　　　　**if** *chain*[*i*] = "*P2C*" **then**
11　　　　　　*i* ⟵ *i* + 1;
12　　　　　**else**
13　　　　　　**if** *chain*[*i*] = "*P2P*" **then**
14　　　　　　　return: e1;
15　　　　　　**else**
16　　　　　　　return: e2;
17　　　　　　**end**
18　　　　　**end**
19　　　　**end**
20　　　**else**
21　　　　*i* ⟵ *i* + 1;
22　　　　**while** *i* ≤ *length* **do**
23　　　　　**if** *chain*[*i*] = "*P2C*" **then**
24　　　　　　*i* ⟵ *i* + 1;
25　　　　　**else**
26　　　　　　**if** *chain*[*i*] = "*C2P*" **then**
27　　　　　　　return: e3;
28　　　　　　**else**
29　　　　　　　return: e4;
30　　　　　　**end**
31　　　　　**end**
32　　　　**end**
33　　　**end**
34　　**end**
35 **end**

举例来讲,假设一个路由策略的 AS 路径为"100、200、300、400",其中 AS 400 为目标网络所在的 AS,假设转化后的商业关系链为"C2P-C2P-P2C",则算法的输入为集合{C2P,C2P,P2C},在算法的第四行,整个状态机进入了初态,此时判断输入的商业关系集合前两个都为"C2P",因此状态机一直停留在初态,算法重复执行第 4～6 行,当"P2C"关系进入 while 循环时,算法执行第 24 行,状态机进入中间态,由图 5.6 可知,状态机有两个中间态 s1 和 s2,此时状态机进入了中间态 s2,继续向下执行,当 i 递增后,退出第 26 行的 while 循环,此时整个算法结束,该条商业关系链不存在路由泄露。

若输入的商业关系集合为{ C2P,C2P,P2P,P2C,P2P}。按照以上算法实现,状态机首先进入初态,算法在第 4～6 行循环执行两次。然后状态机进入中间态 s1,算法进入第 8 行,算法继续执行,读入到关系为"P2C",第 11 行的 if 判断成功,对 i 递增,第 10 行的 while 循环继续执行,此时读入的关系为"P2P",第 15 行 if 判断成功,状态机进入终态,算法输出"e1",算法结束。对应泄露类型为"P2C-P2P"。

5.4.3 路由泄露快速定位算法

在路由泄露精确匹配算法中,输入的是 AS 商业关系链,如果某条商业关系链包含一个泄露事件,假设商业关系链为"C2P-C2P-P2C-P2P",则泄露三元组所在的商业关系链为"P2C-P2P",算法首先会检测三元组的"P2C"关系,从而进入中间态,然后检测到"P2P"关系,成功检测出一个泄露事件。换言之,算法主要是检测当前待检测的商业关系链中有无符合四种泄露类型的商业关系子链存在,若存在其中一种,就标识该路由策略中包含路由泄露事件。在快速定位算法中,算法的输入也是整个商业关系链,但处理时一次检测一个三元组组成的两组商业关系子链。举例来讲,假设一个路由策略的 AS path 为 100、200、300、400,其中 AS 400 为目标网络所在的 AS,假设转化后的商业关系链为"C2P-C2P-P2C",算法从右往左,依次检测子链"C2P-P2C"和"C2P-C2P"。

快速定位算法将每种泄露类型的商业关系链分为前后两部分"relation1-relation2"来看,例如将"P2C-C2P"分为"P2C"和"C2P"。假设商业关系子链 w 为"r1-r2",若 r2 为"P2C",则 w 不可能构成一个路由泄露事件,由于四种泄露类型子链的 relation2 只有"P2P"和"C2P"两种可能。若 r2 不是"P2C",那么继续观察 r1,无论 r2 是"P2P"还是"C2P",只要 r1 是"C2P",w 便不可能构成路由泄露事件,由于四种泄露类型子链的 relation1 只有"P2P"和"P2C"两种可能。基于以上讨论,可以将此算法总结为:先判断一个由三元组组成的商业关系子链是不是正常的路由,若否,则判断为路由泄露事件。路由泄露快速定位算法流程图如图 5.7 所示。

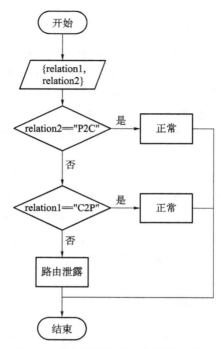

图 5.7　路由泄露快速定位算法流程图

快速定位算法的实现如表 5.4 所示。如算法第 3 行所示,每次检测两组关系,分别表示一个三元组组成的两组商业关系子链的前后两部分。与精确匹配算法对比,快速定位算法更简单,但它的缺点就是它不能检测出某种泄露的具体类型。

表 5.4　快速定位算法

算法 5.4: 路由泄露快速定位算法
输入: AS 商业关系链 *chain*
输出: 最终检测结果
1　$i \longleftarrow length\ of\ chain$ - 1;
2　**while** $i \geq 1$ **do**
3　　　**if** $chain[i+1] = ``P2C"$ or $chain[i] = ``C2P"$ **then**
4　　　　$i \longleftarrow i$ - 1;
5　　　　continue;
6　　　**else**
7　　　　Output: abnormal;
8　　　　return;
9　　**end**
10　**end**

对算法进行简单的验证,假设输入的商业关系集合为{C2P,C2P,P2C},则算法首先检测{C2P,P2C},此时 chain[i+1] = "P2C",chain[i] = "C2P",第 3 行的 if 判断成立,对 i 递减,算法继续检测{C2P,C2P},此时 chain[i] = "C2P",第 3 行的 if 判断成立,对 i 再次递减,while 循环退出,算法结束。

若输入的商业关系集合为{C2P,C2P,P2P,P2C,P2P},则算法依次检测{P2C,P2P}、{P2P,P2C}、{C2P,P2P}和{C2P,C2P},当算法检测第一个子集合{P2C,P2P}时,第三行 if 判断不成立,程序输出"abnormal",算法结束,无须再向后判断。

5.4.4 风险评估算法

由于互联网之间的层次结构逐渐扁平化,AS 之间的商业关系变得更加复杂。因此基于"无谷"准则检测出的路由泄露事件会存在大量的误报。为了解决这个问题,本章通过和 BGPStream 系统进行对比,总结了一般的泄露事件在更新报文的数量,持续时间,影响范围,AS 客户规模这 4 个重点影响因素作为路由泄露的风险评估因素。下面对这四个参数的含义以及阈值设定做出介绍。

(1)持续时间

在跟踪记录路由泄露事件的持续时间时,传统的"谷"关闭算法可能不能准确及时地对某个泄露事件的结束做出判断,从而导致对某个事件的持续事件判断不准。因此,本章采取了实时跟踪路由泄露的活跃事件来估计某次事件的持续时间。对于表征某个事件的更新报文只要出现两次,就可以估算出某个泄露事件的持续时间。续时间的阈值设定为:当前阈值+(当天泄露事件持续时间平均值-当前阈值)* 事件个数/10,初始阈值为 5 min。

(2)影响范围

在本章中选取某次事件 BGP 路由观测点的个数来表征某次泄露事件的影响范围。由于 BGP 路由观测点分布在全球不同位置,因此可以大致用来度量路由泄露的影响范围。比如某次泄露事件被 23 个 BGP 路由观测点观测到,则该泄露事件影响范围的度量值为 23。影响范围的阈值设定为:当前阈值+(当天泄露事件影响范围平均值-当前阈值)* 事件个数/10,初始阈值为 20。

(3)表征事件的报文数量

表征事件的报文个数可以反映此次泄露事件引起的网络波动程度,可以直接从 BGP 的更新报文中获取并计数。表征事件的报文个数的阈值设定为:当前阈值+(当天表征事件的报文个数平均值-当前阈值)* 事件个数/10,初始阈值为 200。

（4）客户规模

根据泄露点 AS 从数据库中获取,客户规模的阈值设定为:当前阈值＋(当天泄露事件客户规模平均值－当前阈值)＊事件个数/10,初始阈值为 500。

将路由泄露检测出的结果称为疑似泄露事件,通过这 4 个指标对疑似事件进行分级过滤,只要有一项指标超过以上的风险阈值设定,就将其定义为路由泄露事件。具体流程如图 5.8 所示。

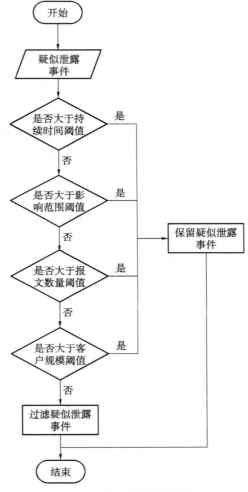

图 5.8　路由泄露风险评估

风险评估算法比较简单,主要就是判断指标就是疑似泄露事件的各个属性是否超过各个风险评估指标,具体算法实现如表 5.5 所示。

表 5.5 路由泄露风险评估算法

算法 5.5: 路由泄露风险评估

输入: 路由泄漏可疑事件的属性, 包括持续时间、影响范围、消息数量、客户数量

输出: True 或者 False

1 **if** $attribute[1] \leq Throttle\_Duration$ or $attribute[2] \leq Throttle\_Influence\_Scope$ or $attribute[3] \leq Throttle\_Message\_Number$ or $attribute[4] \leq Throttle\_Customer\_Size$ **then**

2   **return True**;

3 **else**

4   **return False**;

5 **end**

第 6 章
互联网域间路由中断监测

6.1 域间路由中断事件分类

本章描述的 BGP 路由中断事件是指 BGP 协议在经历突发状况时(设备故障、网络攻击、错误配置、自然灾害和政治因素等)造成路由前缀回撤,进而导致上层应用服务中断的路由事件。带有破坏性的 BGP 中断事件可能造成国家能源、银行、交通运输、国防工业及国家重要基础设施等方面的网络服务不可达,严重影响社会经济和人民生活,快速检测 BGP 中断事件并评估其影响对网络空间安全防御有重要意义。

6.1.1 根据路由中断位置分类

根据发生中断的位置,可以将域间路由中断分为源中断和 BGP 会话中断。其中,源中断指的在 BGP 会话没有断开的情况下,由 BGP 路由器主动撤回前缀所导致的中断。BGP 会话中断指的是 BGP 路由器之间的 BGP 会话断开所导致的路由中断。在 BGP 会话发生中断后,处于 BGP 会话两端的路由器将邻居的路由从路由表中删除,并开始路径探索,若探索到可以到达相同前缀的路由,则将其作为新的路由,并将该路由向其他邻居发送,若无法探索到可达相同前缀的路径,则向其他邻居发送前缀的回撤报文。路由中断位置分类示意图如图 6.1 所示。

当 AS1 主动路由前缀回撤时,从路由观测点将观测到到达该前缀的路径消失。当 AS4 中路由其出现过载或者路由器故障时,将导致与 AS4 周围邻居的 BGP 会话断开,由于 AS3 和 AS6 单一依赖 AS4,在路由观测点将观测到 AS3、AS4、AS6 路由前缀的路径消失。同样的,如果 AS5 和 AS8 间的路由会话断开,也将导致路由观测节点看不到到达 AS8、AS9 和 AS10 的路径。

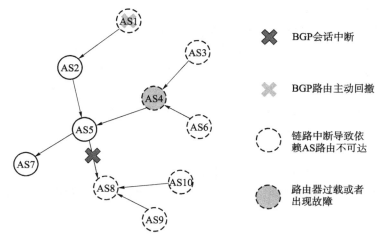

图 6.1　BGP 路由中断位置示意图

6.1.2　根据路由中断原因分类

造成路由中断的原因有很多,如对 BGP 路由器的错误配置、自然灾害和恶意攻击等。

如果网络操作人员错误地对 BGP 路由器进行配置,可能会导致 BGP 路由器撤回其已经发布的前缀,回撤报文在互联网中传播,最终导致任何网络都无法对前缀进行访问,进而导致路由中断。如果回撤的前缀承担着重要的服务,那么可能会造成巨大的损失。

自然灾害会破坏路由器和网络链路等网络基础设施,严重的自然灾害可能会造成大范围的网络路由中断。UTC 时间 2022 年 4 月 7 日 00:30 左右,科斯塔索尔发电厂(波多黎各最大的发电厂之一)突发火灾,导致该岛国发生大面积停电。这次全岛范围的停电致使互联网服务严重中断,停电之后,波多黎各的流量立即下降了一半以上。此次互联网服务中断的影响从网络层面来看也相当严重。

对网络的恶意攻击也可能导致路由中断。由于政治因素导致国家归属的自治域系统与国外运营商 BGP 对等体会话连接断开或特定路由前缀被境外运营商过滤,进而导致到达特定目标路由前缀路由不可达,从而导致路由中断事件。

6.1.3　根据路由中断粒度

按照路由中断的粒度,可以将路由中断分为前缀中断、AS 中断和国家中断。

前缀路由中断可能由于骨干路由设备在不可抗力因素发生断电、设备过载、自然灾害造成 BGP 会话断开造成路由前缀回撤，导致目标前缀路由不可达，进而造成路由中断。此外，由于网络攻击、人工配置错误或者人为故意因素，引起源头自治域前缀回撤，导致路由前缀全球不可达，进而造成路由中断事件。

AS 中断指的是互联网中某个自治系统（AS）与其他自治系统之间的网络连接被中断的情况。AS 中断可能是由于网络故障、网络攻击或政策限制等原因导致的。AS 中断会导致网络流量无法正常传输，从而对互联网的稳定性和可靠性产生严重影响。

国家级路由中断指的是国家内部由于关键 AS 发生路由中断，导致单一依赖这个 AS 的其他 AS 出现网络不可达，且达到一定规模，严重影响了国民经济行业的相关服务。

6.2 典型域间路由中断事件

6.2.1 Facebook 路由中断事件

2021 年 10 月 4 日，Facebook 发生严重路由中断事故，即更新 BGP 路由器导致 DNS 权威服务器离线进而造成长达 7 个小时之久中断事故。此次事故导致 Facebook 旗下多个平台和服务，包括 Facebook、Instagram、Messenger 和 WhatsApp 等，相继出现严重服务中断，经济损失无法估量。

UTC 时间 2021 年 10 月 4 日 15：42 分，本次路由中断事件的主角 Facebook 主要的自治域 AS32934 相关前缀路由报文更新发生了剧烈变化，如图 6.2 所示。

通过分析路由收集器的路由更新报文，发现该自治域回撤了一些路由前缀，回撤报文总共持续了 20 分钟左右，相关前缀彻底从互联网消失，而这些前缀正是 Facebook DNS 权威服务器的所在的地址前缀。后果可想而知，Facebook 重要服务的域名解析失效了，导致大量的 Facebook 应用服务访问不可达，另外一个严重的问题是 Facebook AS32934 相互依赖的服务中间件开始失效，从而导致整个数据中心崩溃，最后不得已以物理暴力破门的方式进入机房恢复设备。由此可见，此次事件的主角是 BGP 和 DNS 偶发性事故联动造成的重大事件[27]。BGP 和 DNS 作为网络空间的基础设施，是网络空间的命门所在，犹如人体的动静脉，联动性的故障必然造成规模性失血，历史也告诉我们，持续时间最长和最具破坏性的中断通常可以归咎于控制平面的某些问题。

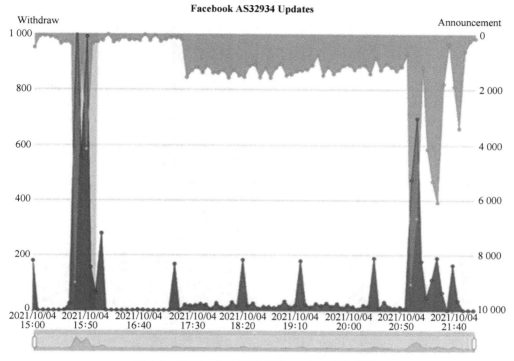

图 6.2　Facebook 中断期间的 Update 消息数量

6.2.2　KT 路由中断事件

UTC 时间 2021 年 10 月 25 日 02∶16 分,韩国三大通信服务提供商之一的 KT 公司的有线及无线等网络服务突然中断,造成全国范围内出现大面积网络服务中断。包括证券交易系统,饭店结算系统以及居民家中的网络、手机信号等服务均受到影响。韩国科学和信息通信技术部周五表示,电信运营商 KT 周一之所以发生大规模的网络故障,是由于工作人员在釜山进行维护期间在路由器设备上输错了一个命令,当局发现,原本打算发送到边界网关协议(BGP)的网络路径信息被发送到了 IS-IS 协议,该协议用于 KT 的内部路径设置。这是继 10 月 4 日 Facebook 发生重大路由中断事故后,BGP 错误配置引起的又一起重大网络中断事件,这次事件的危害上升到了国家层面,由此可见,BGP 作为网络空间的基础设施,错误配置甚至是网络攻击可以造成巨大的网络破坏,堪称网络空间的"网络核弹"。相关自治域系统 10 月 25 日路由更新报文时序图如图 6.3 所示。

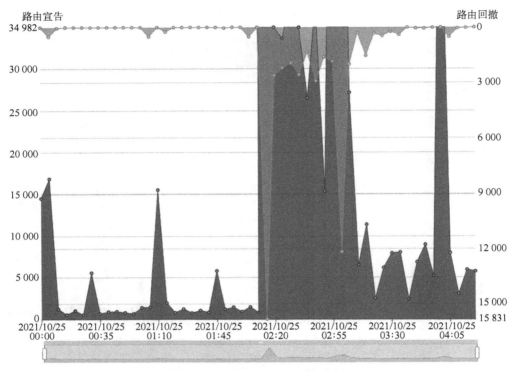

图 6.3　BGP 路由宣告和回撤时序图

　　那么为什么会造成这样的情况呢，这需要从区域的互联网拓扑接口分析，从全球的路由快照中抽取了该区域的路由拓扑，如图 6.4 所示，从拓扑图可以看出，该区域互联网具有三个大的核心自治域，分别是 AS4766（Korea Telecom，本次事件的主角），AS3786（LG DACOM Corporation），AS9318（SK Broadband Co Ltd），其中大部分自治域只有单一上游出口，一旦上游 AS 发生问题，会造成下游 AS 从互联网消失，AS 依赖度比较单一，是这次大规模网络中断的主要原因。

图 6.4　区域 AS 拓扑

6.3　现有检测方法

6.3.1　路由不稳定检测

Mai Jianning、Yuan Lihua 和 Chuah Chen-Nee[96]采用基于离散小波变换的方法检测自治系统粒度的 BGP 更新数量时间序列的异常,并根据自治系统的时间序列特征进行聚类,识别发生异常的自治系统之间的相关性。Xu Kuai、Chandrashekar Jaideep 和 Zhang Zhi-Li[97]将多个自治系统的更新次数时间序列标准化之后组成更新强度矩阵,采用主成分分析(PCA)对更新强度矩阵进行聚类,以分离由不同事件引发的更新。Kitabatake Tomoyuki、Fontugne Romain 和 Esaki Hiroshi[98]根据更新消息对路由器 RIB 表产生的影响来对更新消息分类,然后统计每一类更新消息数量的中位数和绝对中位差,最后通过设定阈值来检测异常。Moriano Pablo、Hill Raquel 和 Camp L.Jean[99]通过统计滑动平均值(EMA)及其标准差来检测 BGP 更新序列的异常,并对比了基于长短期记忆网络的方法,结果表明基于 EMA 的预测方法具有更好的检测效果。

Zhang Mingwei、Li Jun 和 Brooks Scott[100]使用聚类算法来识别偏离正常状态的 BGP 异常。Cheng Min、Li Qing 和 Lv Jianming 等[101]利用长短期记忆网络提取 BGP 更新时间序列特征,通过标签训练有监督分类模型。Karimi Mohsen、Jahanshahi Ali 和 Mazloumi Abbas 等[102]采用基于神经网络的分类器来识别 BGP 异常。McGlynn Kyle、Acharya H.B.和 Kwon Minseok[103]利用自编码器学习正常 BGP 数据的特征,利用重建误差来识别 BGP 异常。Sanchez Odnan Ref、Ferlin Simone 和 Pelsser Cristel 等[104]对比了朴素贝叶斯分类器、决策树、随机森林、支持向量机和多层感知器在 BGP 异常检测上的效果。Xu Mengying 和 Li Xing[105]提出了一种利用神经网络从原始 BGP 更新数据中自动提取特征的方法,用于 BGP 异常检测。Hoarau Kevin、Tournoux Pierre Ugo 和 Razafindralambo Tahiry[106]比较了使用图特征和统计特征检测 BGP 异常的机器学习模型的准确性。

PathMiner[107]是一个用于识别由单个事件引起的路由系统状态的大规模更改的系统,并可以识别造成路由更改的网络元素(AS 或网络链路)。"大规模"指的是涉及许多 AS 和前缀的路由更改,并且可能多次发生。PathMiner 背后的核心思想是,当一组 AS 以协调的方式更改到达一组前缀的下一跳决策时,特别是当这些相同的更改在多个时间点上重复发生时,那么这一协调活动很可能最终由单个 AS 或链接采取的操作所引起。因此,PathMiner 在 BGP 路由中寻找重要的时空模式,从背景噪声中提取这些时空模式,并识别最有可能负责生成模式的网络元素。PathMiner 的系统流程图如图 6.5 所示。

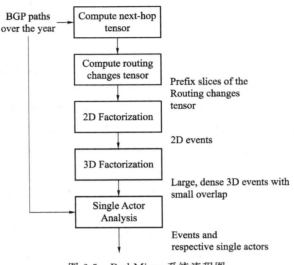

图 6.5　PathMiner 系统流程图

　　PathMiner 形式化地定义了高影响路由事件,并且展示了如何将高影响路由事件的发现转化为布尔张量分解问题。PathMiner 的第一个组件是一个新的布尔张量分解算法,这一算法非常适合由网络路由变化派生出来的数据类型。PathMiner 的第二个组件负责识别造成高影响路由事件的单一元素。第二步主要依赖于第一步提取一组协调路由更改的事实。关键的思想是,在参与路由更改的所有路径的集合中,具有最高精度和召回率的网络元素最有可能是造成高影响路由事件的元素。

　　互联网经常发生域间路径更改。但是,由于路由协议暴露的信息不足以解释所有更改,因此确定域间路径更改的根本原因比较困难。Umar Javed 等人开发了一个描述路径变化的模型 PoiRoot[108],并用它来证明所有可能负责的网络的集合。PoiRoot 是一个实时系统,允许网络服务提供商准确地隔离影响其前缀的路径变化的根本原因。并且他们开发了一种递归算法,可以准确地分离任何路径更改的根本原因。通过观察,该算法需要监控路径,而使用标准测量工具通常是不可见的。为了解决这个限制,他们以新的方式组合现有的度量工具,以获得隔离路径更改的根本原因所需的路径信息。通过受控的互联网实验、模拟和"野外"测量来评估 PoiRoot 的路径变化。PoiRoot 被证明是高度准确的,即使只有部分信息也能很好地工作,并且通常会将根本原因缩小到一个或两个相邻的网络。在对照实验中,PoiRoot 的准确率是 100%。PoiRoot 的操作模式如图 6.6 所示。

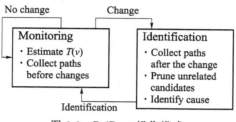

图 6.6　PoiRoot 操作模式

6.3.2　路由中断检测

Dainotti 等人[109]分析了埃及和利比亚这两个国家的骚乱事件。他们的分析依赖于学术研究人员已经可以获得的多个大规模数据来源:BGP 域间路由控制平面数据;未请求的流向未分配的地址空间的数据平面流量;主动宏观示踪测量;RIR 委托文件;以及 MaxMind 的地理定位数据库。他们使用后两个数据集来确定分配给每个国家内实体的 IP 地址范围,然后使用美国和欧洲公开可用的 BGP 数据存储库将这些感兴趣的 IP 地址映射到 BGP 宣布的地址范围(前缀)和原始 ASes。然后,他们分析了整个审查过程中与这些前缀和 ASes 相关的可观察到的活动。结合使用控制平面和数据平面数据集,他们的方法可以缩小特定地区在一段时间内实施的互联网访问中断形式,同时他们的方法可以自动用于检测其他地理或拓扑区域的中断或类似的宏观破坏性事件。

对等基础设施,即主机托管设施和互联网交换点,位于每个主要城市,拥有数百个网络成员,并支持全球数十万个互连。这些基础设施得到了很好的配置和管理,但是它们可能会发生中断,例如,由于电源故障、人为错误、攻击和自然灾害。然而,人们对于这些高度对等集中的关键基础设施的中断频率和影响知之甚少。Giotsas 等人[110]开发了一种新的轻量级方法来检测对等基础设施中断。图 6.7 为 IXP 中断检测系统流程图。他们的方法依赖于对 BGP community 的观察,这些 community 通过路由更新宣布,是一个很好的但尚未开发的信息来源,使得人们能够高精度地确定停机位置。他们建立并运行了一个系统,可以在建筑物的层面上定位基础设施中断的中心,并近乎实时地跟踪网络的反应。他们引入了一种新的方法来可靠地检测对等基础设施中断并调查其影响。他们的检测机制依赖观察到 BGP 不再是纯粹的"信息隐藏协议"。1996 年由 RFC1997 引入的 BGP Communities 属性,提供了关于向客户和对等网络宣布的前缀的元信

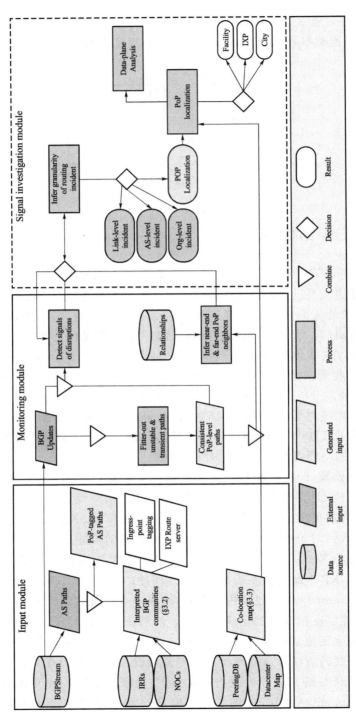

图 6.7　IXP 中断检测系统结构图

息,并用于流量工程、流量黑洞以减轻攻击和网络故障排除。近年来,它们的使用变得相当流行,可以使用它们作为一种众包机制,用于获取大约 50% 的 BGP IPv4 更新的准确位置信息。虽然 BGP 路由更新已被用于检测仅限于 AS 和前缀粒度的中断,但是他们的新见解是,在 BGP 更新中包含位置信息的 community 属性可以揭示对等基础设施中断的发生和位置。他们的方法依赖基于位置的 BGP community 属性值,使他们能够精确地确定准确的位置以及中断的开始时间和持续时间。为了评估中断的影响,他们跟踪受影响设施的成员对 community 的使用变化。但是,由于从设施或 IXP 到城市或大都市地区,community 属性的语义在地理位置粒度上是不同的,并且在每次 BGP 更新中都没有附加 community,因此仅监控 community 是不够的。为了解决这些限制,他们使用设施的物理地图来增强他们的分析,该地图允许他们将特定位置的路由变化与公共对等基础设施中的 AS 的托管相关联。

由于网络的规模和异构性、中断的稀缺性以及寻找能够大规模准确捕获此类事件的有利位置的困难,测量互联网中边缘网络的可靠性是困难的。Richter 等人使用世界上最大的 CDN 之一的服务器日志,发明了一种新的被动方法来检测互联网边缘中断[111]。他们发现,在许多边缘地址块中,设备在数周和数月中每小时都会联系 CDN。这些请求的突然暂时缺失表明这些地址块失去了互联网连接,称之为中断事件。Richter 等人开发了一种中断检测技术,并提供了一年中 150 万次中断事件的广泛而详细的统计数据。他们的方法表明,中断并不一定反映实际的服务中断,而可能是前缀迁移的结果。正如预期的那样,数据清楚地反映了重大自然灾害;然而,大部分检测到的中断与计划维护间隔期间计划的人为干预相关,因此不太可能由外部因素引起。他们利用正交数据集,使他们能够在面对中断时跟踪跨地址块的单个设备的活动。他们的分析表明,至少有 10% 的中断事件并不反映实际的服务中断,而是大规模的前缀迁移。他们发现,临时前缀迁移通常会导致大规模的反中断事件,即前缀活动的突然变化。开发了在每个 AS 级别上检测反中断的技术,并查明特别容易表现出这种行为的网络。

6.4　基于网络拓扑与服务分析的 BGP 中断检测

现有的 BGP 中断事件检测方法在拓扑信息挖掘、网络服务分析和特征构建等方面仍存在局限性,本章旨在提出一种基于网络拓扑与服务分析的 BGP 中断事件检测方法并基于该方法实现 BGP 中断事件检测系统,通过前缀和自治系统粒度的特征提取与检测确定中断发生的时间和位置,通过网络拓扑分析检测导致多个关联自治系统发生中断异常的事件并定位该类 BGP 中断事件的根源自治系统,通过网络服务分析确定自治系统相关网络服务的重要性进而检测影响大量用户的 BGP 中断事件。路由中断监测框架如图 6.8 所示。

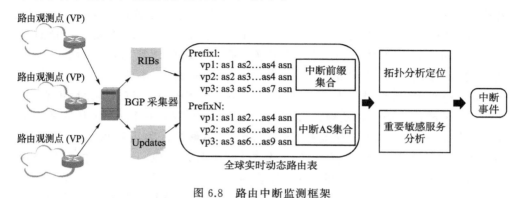

图 6.8　路由中断监测框架

6.4.1　路由可见性特征构建

　　路由可见性特征功能是根据解析后的 BGP 路由信息库和 BGP 路由更新报文数据,通过在内存中实时维护 BGP 路由可见性字典,构建 IP 前缀路由可见性特征和自治系统路由可见性特征。BGP 路由可见性特征的构建分为两个步骤:首先在内存中实时维护一个记录 BGP 路由可见性状态的嵌套字典,将该数据结构称为 BGP 路由可见性字典,BGP 路由可见性字典的结构信息如图 6.9 所示;然后根据路由可见性字典提取自治系统和 IP 前缀的路由可见性特征,其中 IP 前缀路由可见性特征的定义为能到达该 IP 前缀的观测点的数量,自治系统路由可见性特征的定义为能到达该自治系统宣告的所有 IP 前缀的观测点数量之和。在不出现 IP 前缀多源冲突的情况下,自治系统路由可见性特征也可简单理解为该自治系统宣告的所有 IP 前缀的路由可见性特征的总和。若出现 IP 前缀多源冲突,即多个自治系统宣告了同一个 IP 前缀,则自治系统路由可见性特征构建时仅计算认为该 IP 前缀由该自治系统宣告的观测点数量。由于路由观测节点数量占比全球可路由 AS 数量比例很小,局部的路由前缀可见性也并不代表全球的可见性,但是从全局概率上讲,一个路由前缀从众多路由观测点不可见,大概率发生了路由中断事件。

　　路由可见性特征构建流程如表 6.1 所示。具体步骤如下:

　　(1)从数据存储模块中读取最新的 BGP 路由信息库和 BGP 路由更新报文,利用 bgpdump 进行解析;

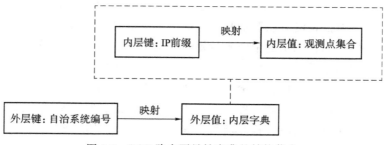

图 6.9　BGP 路由可见性字典的结构信息

（2）根据解析后的 BGP 路由信息库初始化 BGP 路由可见性字典；

（3）根据解析后的 BGP 路由更新报文更新 BGP 路由可见性字典；

（4）BGP 路由可见性字典初始化和每次更新后都进行一次 IP 前缀和自治系统的路由可见性特征提取与保存；

（5）重复执行步骤（1）至步骤（4），直至操作员终止流程。

表 6.1　路由可见性特征构建流程

算法 6.1：路由可见性特征构建

　　输入：BGP 路由数据 **D**

　　输出：路由可见性字典 **R**

1　**R** ← 空字典；

2　**foreach** 数据条目 **d** *in* **D do**

3　　　**if d** 的类型是 *BGP* 更新报文 **then**

4　　　　 使用 **d** 初始化 **R**；

5　　　**else**

6　　　　 使用 **d** 更新 **R**；

7　　　**end**

8　　　构建并保存 **R**；

9　**end**

10　**return R**；

6.4.2　关联自治系统 BGP 中断事件检测

关联自治系统 BGP 中断事件的特点是在同一时间间隔内多个自治系统发生了中断异常，且这些自治系统具有拓扑上的相关性。为了检测此类 BGP 中断事件，首先需要利用自治系统粒度的时间序列特征检测出单个自治系统发生的中断异常，随后需要利用自治系统之间的拓扑关系对发生中断异常的自治系统进行聚类，得到自治系统数量大于指定阈值的中断异常自治系统集群，从而识别出此类中断事件发生的时间和受影响的自治系统。此外,由于此类事件涉及的自治系统有多个,为了使本章的检测方法更加具有实际应用价值,还需要精确定位到引发事件的根源自治系统,为检测出的中断事件提供自动化诊断信息,有助于故障的快速排查和修复,根源自治系统的确定可利用自治系统之间的拓扑关系进行分析。关联自治系统 BGP 中断事件检测子模块的功能是根据自治系统拓扑关系知识库和自治系统路由可见性特征,检测关联自治系统 BGP 中断事件并定位根源自治系统。关联自治系统 BGP 中断事件检测流程如表 6.2 所示。具体步骤如下:

(1)读入配置文件并初始化配置项,配置文件中包含滑动窗口长度、中断阈值系数和中断规模阈值等参数;

(2)读入自治系统拓扑关系知识库和自治系统路由可见性特征;

(3)遍历所有自治系统,对每一个自治系统,根据配置的滑动窗口长度,统计指定长度的历史自治系统路由可见性特征序列的均值和标准差,用均值减去标准差与中断阈值系数的乘积,获得中断阈值,即路由可见性特征正常范围的下限,若历史序列长度小于滑动窗口长度则取全部历史序列进行统计;

(4)若当前自治系统路由可见性特征小于中断阈值,则认为自治系统发生了BGP 中断异常,将对应自治系统加入中断自治系统集合;

(5)利用自治系统拓扑关系知识库对中断自治系统集合进行聚类,聚类规则为组成弱连通分量的中断自治系统聚为一族;

表 6.2 关联自治系统 BGP 中断事件检测流程

算法 6.2: 关联自治系统 BGP 中断事件检测
输入:配置信息 C,自治系统拓扑关系 T,路由可见性字典 R
输出:中断自治系统集合 S,关联自治系统 BGP 中断事件集合 E
1   S ⟵ 空集合;
2   **foreach** *AS* a *in* R **do**
3   t ⟵ 算得的 a 的中断阈值;
4   **if** a 的路由可见性特征 < 阈值 t **then**
5   S ⟵ S ∪ a;
6   **end**
7   cluster_set ⟵ 使用 T 对 S 中的 AS 进行聚类的结果集合;
8   **foreach** cluster *in* cluster_set **do**
9   **if** cluster 的规模大于中断规模阈值 **then**
10   E ⟵ E ∪ cluster;
11   利用 PageRank 算法定位中断事件的根源自治系统;
12   **end**
13   **end**
14 **end**
15 **return** R;

（6）遍历所有聚类族,若族的规模大于中断规模阈值,则认为该族发生了关联自治系统 BGP 中断事件;

（7）利用 PageRank 算法定位关联自治系统 BGP 中断事件的根源自治系统,具体方法是将对应族中的自治系统之间的拓扑关系反向后建立有向图,利用 PageRank 算法迭代计算每一个自治系统的权重,将权重最大的自治系统作为根源自治系统;

（8）重复执行步骤（2）至步骤（7）,直至操作员终止流程。

6.4.3 重要自治系统 BGP 中断事件检测

重要 BGP 中断事件的特点是重要互联网服务涉及的 IP 前缀和自治系统发生中断异常,进而对大量用户造成影响,事件发生时受影响的 IP 前缀和自治系统数量可能并不多,容易被现有的检测系统忽略。为了检测出此类 BGP 中断事件,首先需要确定全球范围内重要的互联网服务,随后确定这些服务对应的自治系统和 IP 前缀,最后对重要互联网服务对应的自治系统和 IP 前缀进行重点检测,检测方法是对重要的自治系统和 IP 前缀的路由可见性特征进行监测,若路由可见性特征的劣化超过了动态阈值,则认为对应的自治系统或 IP 前缀发生了重要 BGP 中断事件。根据解析后的 BGP 路由数据构建自治系统拓扑关系知识库和自治系统 IP 前缀知识库,根据 BGP 基础数据构建自治系统基础信息知识库,根据全球网站排名数据和域名解析数据构建重要域名知识库以及域名解析知识库;随后需要根据重要域名知识库和域名解析知识库构建重要 IP 地址知识库,利用 IP 前缀匹配算法构建重要 IP 前缀知识库;最后根据自治系统 IP 前缀知识库和重要 IP 前缀知识库,构建重要自治系统知识库。重要自治系统 BGP 中断事件检测子模块的功能是根据重要自治系统知识库和自治系统路由可见性特征,对发生 BGP 中断异常的自治系统进行服务分析,进而检测重要自治系统 BGP 中断事件。

重要自治系统 BGP 中断事件检测流程如表 6.3 所示。具体步骤如下:

（1）读入配置文件并初始化配置项,配置文件中包含滑动窗口长度和中断阈值系数等参数;

（2）读入重要自治系统知识库和自治系统路由可见性特征;

（3）遍历重要自治系统知识库中的自治系统,对每一个自治系统,根据配置的滑动窗口长度,统计指定长度的历史自治系统路由可见性特征序列的均值和标准差,用均值减去标准差与中断阈值系数的乘积,获得中断阈值,即路由可见性特征正常范围的下限,若历史序列长度小于滑动窗口长度则取全部历史序列进行统计;

（4）若当前自治系统路由可见性特征小于中断阈值，则认为该自治系统发生了重要自治系统 BGP 中断事件；

（5）重复执行步骤（2）至步骤（4），直至操作员终止流程。

表 6.3　重要自治系统 BGP 中断事件检测流程

算法 6.3：重要自治系统 BGP 中断事件检测

　　输入：配置信息 **C**，重要自治系统知识库 **I**，路由可见性字典 **R**

　　输出：中断的重要自治系统集合 **S**

1　**S** ⟵ 空集合；

2　**foreach** *AS* a *in* **I** do

3　│　t ⟵ 算得的 a 的中断阈值；

4　│　**if** a 的路由可见性特征 < 阈值 t **then**

5　│　│　**S** ⟵ **S** ∪ a;

6　│　**end**

7　**end**

8　**return S**;

6.4.4　重要 IP 前缀 BGP 中断事件检测

重要 IP 前缀 BGP 中断事件检测子模块的功能是根据重要 IP 前缀知识库和 IP 前缀路由可见性特征，对发生 BGP 中断异常的 IP 前缀进行服务分析，进而检测重要 IP 前缀 BGP 中断事件。

重要 IP 前缀 BGP 中断事件检测流程如表 6.4 所示。具体步骤如下：

（1）读入配置文件并初始化配置项，配置文件中包含滑动窗口长度和中断阈值系数等参数；

（2）读入重要 IP 前缀知识库和 IP 前缀路由可见性特征；

表 6.4　重要 IP 前缀 BGP 中断事件检测流程

算法 6.4：重要 IP 前缀 BGP 中断事件检测

　　输入：配置信息 **C**，重要 IP 前缀知识库 **I**，路由可见性字典 **R**

　　输出：重要的 IP 前缀中断集合 **S**

1　**S** ⟵ 空集合；

2　**foreach** *prefix* p *in* **I** do

3　│　t ⟵ 算得的 p 的中断阈值；

4　│　**if** p 的路由可见性特征 < 阈值 t **then**

5　│　│　**S** ⟵ **S** ∪ p;

6　│　**end**

7　**end**

8　**return S**;

（3）遍历重要 IP 前缀知识库中的 IP 前缀，对每一个 IP 前缀，根据配置的滑动窗口长度，统计指定长度的历史 IP 前缀路由可见性特征序列的均值和标准差，用均值减去标准差与中断阈值系数的乘积，获得中断阈值，即路由可见性特征正常范围的下限，若历史序列长度小于滑动窗口长度则取全部历史序列进行统计；

（4）若当前 IP 前缀路由可见性特征小于中断阈值，则认为该 IP 前缀发生了重要 IP 前缀 BGP 中断事件；

（5）重复执行步骤（2）至步骤（4），直至操作员终止流程。

第 7 章
互联网域间路由安全防御

7.1 主动防御技术

主动防御是指在事件发生之前预先通过各种安全技术来弥补 BGP 协议的安全验证缺陷,过滤不安全事件。

7.1.1 路由劫持主动防御

S-BGP(Secure BGP,S-BGP)是最早提出的完整解决 BGP 路由安全问题的方案之一[31]。S-BGP 的安全机制包含 2 个主要内容:公钥基础设施(Public Key Infrastructure,PKI)和证明。PKI 使用了 X.509 的公钥证书格式,用于支持 IP 地址块的所属关系验证、AS 号的分配验证、AS 身份识别以及 BGP 路由器身份的识别和验证。PKI 包含 3 种证书形式。

第一种证书将公钥绑定到组织机构和一组 IP 地址前缀,证明某个 AS 拥有宣告某一部分 IP 前缀资源的资格。这种证书的结构形式与目前的 IP 地址分配结构相同。例如,IANN 为根,将 IP 地址资源分配给下属的不同的互联网号码分配机构,如负责管理亚太地区 IP 地址的 APNIC,负责美洲地址 IP 地址管理的 ARIN 等。然后,再由洲级的注册机构分配给下属的国家或本地机构,以此类推;第二种证书将公钥绑定到组织机构和一组 AS 号;第三种证书将公钥绑定到一个 AS 号和一个 BGP 路由器 ID。S-BGP 通过这三种集中式的 PKI 证书,实现对地址前缀和 AS 身份的认证。

在 S-BGP 中,证明是通过 PKI 中分配得到的公钥和证书进行签字和验证得到的,主要分为两种:

（1）AA(Address Attestation,AA)：地址证明，用于验证一个 AS 拥有宣告一组 IP 地址前缀的权利。

（2）RA(Route Attestations,RA)：路由证明，用于验证一条 AS 路径中的 AS 是合法存在于该路径中的。

AA 证明包含 4 部分内容：地址块、地址块所属者的证书、被授权宣告这些地址块的 AS 信息、有效时间。AA 证书由地址块所属者进行数字签名，通过 PKI 层级结构的证书链进行追溯验证。RA 证明包含 4 部分内容：由 AS 拥有者签署的 AS 或 BGP 发言人的证书，在 UPDATE 中的地址块和 AS 路径，接收路由的邻居或下一跳 AS 的 AS 号的有效时间。签署者是 AS 或者授权代表某一个 AS 的路由器。

每个 BGP UPDATE 消息中包含一个或多个 AA 证明以及一组 RA 证明，使用一个新的、可选的、具有传递性的 BGP 路径属性来存储。具体 S-BGP UPDATE 消息的格式如图 7.1 所示。

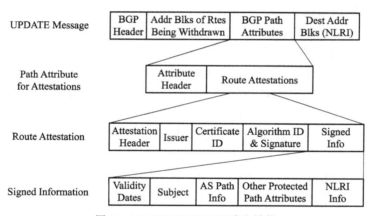

图 7.1　S-BGP UPDATE 消息结构

S-BGP 要求 AS 路径中的每个 AS 对相应的 AS 路径和前缀进行签名。这种嵌套签名的方式虽然提供了高安全性，但是用于验证的运算开销也很大，部署难度大。为了解决 BGP 的安全性和开销的平衡问题，学术界和工业界均提出了不同的解决方案。例如，思科公司提出了 soBGP[112]（Secure Origin BGP, soBGP）。soBGP 包括三类型证书：第一类是 EntityCert，包含 AS 号与公钥绑定信息，用于鉴定 AS 身份。与 S-BGP 不同，soBGP 使用分布式网状信任模型进行身份验证。第二类证书是 AuthCert，包含 AS 号和允许该 AS 转发的前缀绑定信息。AuthCert 采用由上一个拥有前缀授权的 AS 授权下一个 AS 的逐级授权方式完成前缀与 AS 所属关系的验证。第三类证书是 ASPolicy，包含每个 AS 的路由策略和相邻 AS

信息,用于验证 AS 路径,防止路由泄露。soBGP 这种"带外"授权方式在降低了验证开销的同时也牺牲了部分安全性。

psBGP(Pretty Secure BGP,psBGP)结合了 S-BGP 的集中式验证和 soBGP 的分布式验证,更好平衡了安全性和实用性问题[113]。psBGP 使用分布式信任模型进行 IP 前缀所属关系验证,使用集中式信任模型进行 AS 号身份验证,即每个合法 AS 都有一个从信任证书机构中获得的公钥证书。在 psBGP 中,每个 AS 都会创建一个前缀声明列表(Prefix Assertion List,PAL),列表中包含多个 AS 号和前缀的绑定关系对。AS 通过检测 PAL 中的一致性来防御前缀劫持。在 AS 路径验证上,psBGP 使用签名来验证 AS 路径,但为减少计算开销,psBGP 采用评级方案来决定验证路由中的所有签名还是部分签名。这种验证方式无法识别 AS 的串通行为导致的攻击事件。

RPKI[29](Resource Public Key Infrastructure,RPKI)沿用了 S-BGP 中的 PKI 概念,使用证书绑定公钥与前缀所属关系的方式来防御前缀劫持攻击。与 S-BGP 中需要将证明内容加入 BGP UPDATE 信息不同的是,RPKI 采用了带外服务的形式将证明文件独立存储在分布式资料库中。RPKI 机制中包含 3 个部分:证书的颁发机制、证书的存储系统、证书的验证机制。

RPKI 的颁发机制与 S-BGP 中的证书颁发机制类似,由上至下对资源进行分配和授权。首先,由五大互联网号码分配机构分配资源给相应机构,并用自己的私钥签发 CA(Certification Authority,CA)证书和公钥。资源拥有者如果想要授权某个 AS 宣告某一部分地址前缀,则会用 CA 证书的私钥签发一个 EE(End-Entity,EE)证书给该 AS。拥有 EE 证书的 AS 可以使用证书的私钥签发路由源验证 ROA(Route Origin Authorization,ROA)来绑定地址前缀与 AS 的所属关系。一个 ROA 主要包含了 4 个内容:前缀、前缀所属的 AS 号、所允许的最长前缀长度、有效日期范围。例如,授权 AS 123 宣告 IP 地址前缀范围为 10.0.0.1/16 到 10.0.0.1/24,则 ROA 中最长前缀长度为 24。

签名的 ROA 文件将被存在在分布式 RPKI 资料库中。RPKI 资料库主要是由多个 CA 证书拥有者维护的 CA 资料库发布点组成。RPKI 资料库中除了 ROA 文件外,还存有 CA 证书、证书撤销列表 CRL(Certificate Revocation List,CRL)、清单。CRL 存储了资料库中没有过期但是已被撤销的证书信息,包括证书序列号和被撤销日期。并且,CRL 也需要对应的 CA 证书的私钥进行签名,避免 CRL 的内容被篡改。资料库中的清单记录了所有的未过期且未被撤销的有效证书、签名对象、CRL 等文件信息,包括证书的名称、证书内容的哈希值等。

RPKI 资料库的内容会通过依赖方 RP(Relying Party,RP)进行资料的同步更新。其中,更新协议包括 RSYNC 协议和 RRDP(RPKI Repository Delta Protocol,

RRDP)协议。然后,RP 会沿着证书链对 ROA 的有效性进行验证,并将验证后的结果生成路由过滤表通过 RTR(RPKI to Router,PTR)协议下发至各个 BGP 边界路由器。最后,BGP 边界路由器利用该路由过滤表验证接收到的路由信息。RPKI 体系结构如图 7.2 所示。

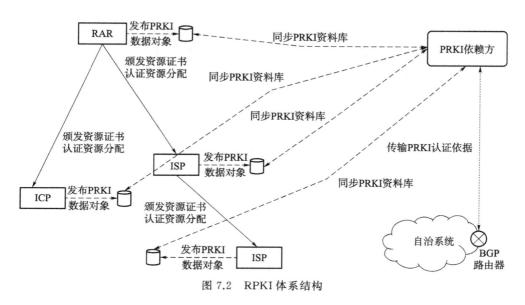

图 7.2　RPKI 体系结构

随着 RPKI 技术的不断完善,目前 RPKI 的部署方式主要有两种。一种是托管型 RPKI(Hosted RPKI),由互联网码号分配机构负责管理证书和签署 ROA。用户通过线上创建 ROA 信息和并提交 ROA 请求到机构,由机构负责生成和签署 ROA。另外一种部署方式是委派型 RPKI(Delegated RPKI)。在该部署方式中,用户维护自己的 CA 证书和资料库,完成 ROA 的签署和存储。RPKI 非对称密钥的签名和验证运算会大量消耗路由器的计算和存储资源,推广部署有一定难度,因为从标准制定到厂商落实,再到运营商部署,需要很长周期。此外,层次化的 PKI 认证技术与互联网码号资源(IP、AS)管理体系融合,从技术手段上赋予了资源分配者单边撤销资源的权力,同时在运维管理方面也存在数据同步一致性问题和管理失误问题。上级认证权威(CA)对下级 CA 产生了绝对的控制力和影响力,当上级 CA 出现配置错误、遭受网络攻击或者政治力量胁迫时,可能导致该 CA 以及下级 CA 维护的数据资源对象出现异常,无法真实、准确地反映互联网码号资源归属关系和授权关系,这些错误数据映射关系进一步映射到域间路由系统中,无法准确过滤不合规路由,严重的甚至造成路由中断事件或者"路由黑洞"。

FS-BGP[114](Fast Secure BGP,FS-BGP)是一个基于 RPKI 的 AS 路径防护

方案。FS-BGP 通过加密关键 AS 路径段来减少验证开销但同时保证高安全性。FS-BGP 认为每个 AS 只需要对路由来源的前一个 AS 和需要传播的下一个 AS 签名,这样的相邻 AS 三元组被称为一个关键路径段。例如,对于一个 AS 路径 $p_n=(a_{n+1},a_n,\cdots,a_1,a_0)$,关键路径段表示为 c_i。当 $i=0$ 时,c_0 被称为初始关键路径段,其拥有者为源 AS a_0。当 $0<i\leqslant n$ 时,$c_i=(a_{i+1},a_i,a_{i-1})$,该关键路径段的拥有者为 AS a_i,即 AS a_i 允许将从邻居 AS a_{i-1} 接收到的路由转发给邻居 AS a_{i+1}。关键路径段的拥有者负责签署该关键路径段,生成 CSA(Critical Segment Attestation)证书。

在 FS-BGP 中,AS 需要验证所有之前 AS 签署的 CSA,然后加上自己的 CSA。如图 7.3 所示,相比 S-BGP 路径的加密方式,FS-BGP 需要加密的路径跳数更少,避免了直接加密整条路径,但又保持了与 S-BGP 相同层次的路径安全性,并且,已经签名和验证过的 CSA 可以换成在本地,极大减少了运算量。除此之外该文献还提出了 SPP(Suppressed Path Padding,SPP)技术,采用 AS 路径预填充技术使被抑制路由不短于最优路径,降低了劫持成功的可能性。

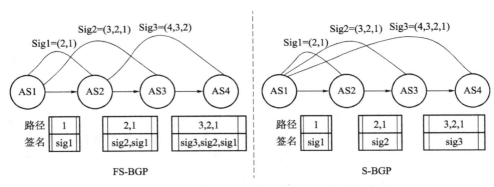

图 7.3　FS-BGP 关键 AS 路径加密与 S-BGP 路径加密

BGPsec[115](BGP Security,BGPsec)是一个基于签名验证的 AS 路径防御机制。BGPsec 旨在补充 RPKI 所不防御的路由攻击行为,其签名验证所使用的私钥是通过 RPKI 所分配的公钥得到的。在 BGPsec 中,每个 AS 需要在发送 BGP UPDATE 消息给邻居 AS 之前,需要对 AS 路径进行签名。与 S-BGP 不同,BGPsec 只对 BGP UPDATE 消息中已被验证的签名和 UPDATE 消息的接收 AS 进行签名。为了携带签名信息,BGPsec 引入了一个新的、可选的、非传递性的 BGP 路径属性 BGPsec_PATH 来替换原来的 AS_PATH。例如,当 AS 100 需要宣告一个前缀 10.2.0.0/16 给 AS 200。首先,AS 100 会对前缀 10.2.0.0/16、AS 100、AS 200 进行签名,然后将数字签名信息编码后填入需要发送给 AS 200 的 UPDATE 消息的 BGPsec_PATH 中。

BGPsec_PATH 属性的结构如图 7.4 所示,包括 2 个部分:安全路径(Secure_Path)和签名区块(Signature_Block)。

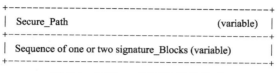

图 7.4 BGPsec_PATH 属性格式

安全路径是 UPDATE 消息中的 AS 路径,逻辑上与 AS_PATH 内容相同。签名区块包含了安全路径中每一个 AS 的签名段(Signature Segment)。签名段的格式如图 7.5 所示,其中 SKI 是密钥标识符,包含了用于验证签名的 RPKI 证书相关的信息。

```
+-----------------------------------------------------------+
|  Subject Key Identifier      (SKI)      (20 octets)       |
+-----------------------------------------------------------+
|  Signature Length                       (2 octets)        |
+-----------------------------------------------------------+
|  Signature                              (variable)        |
+-----------------------------------------------------------+
```

图 7.5 签名段格式

BGPsec 的这种加密验证机制可以保证 UPDATE 消息中列出的 AS 路径中的每一个 AS 都已明确授权将路由宣告到路径中后续的 AS。但是,这样要求 AS 路径上的每一个 AS 都需要部署 BGPsec 才能保证整条路径的安全。所以,在完全部署的情况下,BGPsec 能提供很好的路由安全性。但是,在部分部署的情况下,BGPsec 能带来的有安全性提升非常有限。因此,即使 BGPsec 与 RPKI 一样,已经被 IETF 标准化,并进行了部署推广,其部署率却更低。

COHEN A 等人[116]提出 Path-end 验证方案,用于对 AS 路径中的源 AS 与其下一跳 AS 的关系进行验证。Path-end 对 RPKI 进行了扩展,使用了 RPKI 所分配公钥对应的私钥进行签名。部署 Path-end 的 AS 首先需要通过 RPKI 进行前缀资源所属关系的认证。然后,AS 需要使用私钥签署 Path-end 记录,并将记录存储在全局数据库中。记录包含可以通过 AS 到达的授权的相邻 AS 列表。与 RPKI 的验证原理相似,Path-end 方法通过将全局数据库中的 Path-end 记录同步到本地,构造路由过滤表来完成防御工作。

如图 7.6 所示,相比 BGPsec,Path-end 只保证路径中的最后一跳是有效的,减少了加密验证开销,在部分部署的情况下也能有效提高网络安全性。例如,如果 AS1 和 AS3 支持 BGPsec,AS2 不支持 BGPsec,则 AS3 无法受到应有防御保護。而在 Path-end 中,即使 AS2 不支持 Path-end,AS3 仍然可以验证 AS1 与 AS2 的邻接关系,避免单跳前缀劫持。但是 Path-end 不能防御 2 跳或多跳前缀劫持。

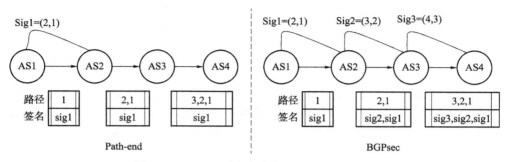

图 7.6　Path-end 路径加密与 BGPsec 路径加密

7.1.2　路由泄露主动防御

AZIMOV A 等人[117]提出在 BGP Open message 中使用一个新的 BGP capability code 来表示 BGP 角色。这些 BGP 角色包括 Provider、Customer、RS(表示发送者是路由服务器,比如网络交换中心 IX)、RS-client(发送者是 RS 的客户)、Peer。当 BGP 发言者收到 BGP role capability 信息,需要检测发送者和接受者的关系是否在违反关系规则,如果违反的话,接受者将发送一个 Role Mismatch Notification。除此之外,BGP 路径属性中将新增 OTC(only to customer),当路由携带该属性,进出口策略会根据发送者和接受者的 BGP 角色判断该路由是否为路由泄露。

JIN J 等人[118]提出了三种基于 BGPsec 的路由泄露防御方案。第一种是基于已有 IETF 提出的将 AS 关系信息放在 Open message 的方法。但是考虑到 AS 关系的隐私保护,该文献将关系信息放在 BGP Update 中。第二种方法是过滤机制。每个路由器都根据邻接 AS 关系创建一个违规关系过滤表。第三种方法主要是避免恶意攻击,通过扩展 BGP 协议,引入新的属性"Result"记录两个相邻对象的 AS 关系。例如 AS_{i+2} 收到一条路由,AS_i 和 AS_{i+1} 不是 Customer-to-Provider 关系,但是 AS_{i+1} 和 AS_{i+2} 是 Customer-to-Provider 或 Peer-to-Peer 关系,则表示发生了路由泄露,AS_{i+2} 会将这条路由标记为路由泄露。

RLD[119](Route Leak Detection,RLD)是一个前缀层次的路由泄露监测方案。该方案使用了 BGP 监控协议 BMP,用于传输 RLD 信息到 BMP 服务器以实现中心化的泄露检测。由于 RLD 信息只是本地 AS 和邻居 AS 的商业关系,不涉及其他第三方的信息,所以单个 ISP 就可以部署 RLD,不需要依赖于其他 ISP 或者第三方。RLD TLV 被定义在 BMP Route Monitoring Message 中,会随着 BGP Update 消息添加到每条路由中。BMP 服务器通过分析相同路由的 Adj-rib-in 和 Adj-rib-out 处的 RLD,判断是否发生路由泄露。

SRIRAM K 等人[120]通过 BGP community 携带路由泄露保护信息来实现检测和缓释路由泄露。新增 BGP community 为 RLP,包含 DO(在 AS 路径中最近的支持 RLP 的 ASN),L(第一个报告路由泄露的 RLP ASN。)两类标识。如果 RLP 在 Update 信息中,则 DO 一直都有,L 只出现在当 AS 发现有路由泄露后。

7.1.3 自治域信誉评估

由于域间路由协议是开放的路由协议,自治域规模大小不一,每个自治域管理水平也不相同。大型的自治域拥有专业的团队对路由策略进行严格的审计,很少会发生严重的路由安全事件,但是同时也错在一些小型的自治域系统,网络管理和治理可能存在一些漏洞,经常性地发生一些错误的配置行为。另外,一些恶意的网络攻击者利用一些大型托管服务商管理的漏洞,利用托管服务商作为掩护,长期进行域间路由恶意行为,进行间接的路由攻击,是网络空间路由安全行为的"惯犯"[121]。例如 AS197426 在互联网中长期存在路由劫持行为,恶意活动曾被多次举报,其于 2008 年被互联网大型传输服务商过滤路由;AS3266 被多次报道进行地址块劫持,其在三年内产生了 1 200 多个不重复前缀,可见,长期恶意的 AS 的存在促进了网络犯罪行为的滋生,检测恶意 AS 对互联网安全治理至关重要,及时定位和分析恶意 AS 并对 AS 行为进行信誉评估有利于在早期实施路由过滤策略,将攻击带来的影响降至最低。

Malicious Hubs[122]是第一个提出恶意 AS 的研究,它利用基于数据平面监控得到的恶意活动黑名单列表发现一些 AS 确实是恶意活动的避风港。BGP Ranking[74]是一个经典的基于数据平面监控的 AS 信誉排行系统,它通过测量一个 AS 内托管的恶意网络活动的"密度",来计算相应 AS 的恶意程度。研究是 Malicious Hubs 的拓展[123],它对于恶意活动高发的 AS 进行 AS 连接行为变化的分析,发现恶意 AS 会更为频繁地变换 BGP 对等体。ASWatch[124]利用恶意 AS 的典型路由行为使用随机森林分类器进行长期恶意 AS 检测,开发了一套 AS 信誉排行系统,信誉分数基于对特征值的综合计算得到。其中重连接性路由行为往往与 AS 之间的商业关系挂钩。此外,根据恶意 AS 活动托管服务研究[125,126],恶意活动提供商往往会与其他 AS 建立转售关系,犯罪网络的商业关系往往更为复杂,恶意 AS 往往会更加频繁地变换网络服务提供商(ISP)和 BGP 对等体。Serial

Hijacker[127]专注于对长期恶意 AS 的路由行为特点进行研究,其使用超随机树分类器进行长期劫持者检测。研究[128]专注于对恶意 Transit AS 的路由行为进行研究,其明确了这类 AS 往往是良性的,它们可能只是受到网络罪犯的控制,进行恶意流量的传输。该研究提出了基于 PageRank 算法的本体论图识别方法,以进行恶意 Transit AS 的实时检测。

AS 信誉评估是有效的对长期恶意 AS 行为进行过滤的机制,通过建立 AS 信誉黑名单,形成公开的评估服务,域间路由管理员可以利用共享知识对一些长期不规范的 AS 路由行为进行过滤,阻止恶意路由报文传播,是一种有效的主动防御方法。

7.2　被动防御技术

被动防御是指当攻击发生后,如何缓解攻击带来的负面影响,尽快恢复网络的正常运行状态。

7.2.1　域间路由劫持缓释

通知型防御偏向于对异常路由事件的检测,通过准确的检测技术获取异常事件的具体内容,如攻击者、受害者、受影响者、被攻击路由等信息。然后将事件信息发送给事件关联者,以便网络管理者可以重新配置,撤销异常路由,或者通告更具体的被劫持前缀来降低网络损失。

PHAS[81]是目前典型的一个应用到实际的实时劫持事件提醒系统。当前缀劫持发生时,PHAS 能够通过邮件提醒前缀拥有者劫持事件的发生。通知包含两种类型:事件驱动型通知,即源前缀发生变化;周期性通知,即每隔固定时间间隔,系统会定期刷新消息,提供最新安全动态。因此,即使是通知消息中途丢失,也不会影响前缀拥有者通过周期性通知得到安全动态。但是由于 PHAS 没有对注册前缀的 AS 验证身份,所以容易出现恶意 AS 冒充现象。与 PHAS 类似,Argus 也采取了邮件通知的方式,但进一步完善了通知内容。当劫持事件发生时,Argus 会向被劫持前缀拥有者、攻击者、受污染的 AS 发送邮件通知,通知中还包含防御建议和命令,以便网络管理者可以迅速处理劫持事件。iSPY[83]是一个以前缀拥有者为中心的,在数据平面执行实时探针探测的劫持检测系统。不同于 PHAS,iSPY 主要关注 AS 自身的前缀劫持风险,因此 AS 可以随时收到劫持事件通知。通知型防御的缺点在于依赖于网络管理者的参与,通常响应时间长,不能及时处理故障。

Sermpezis P 等人[129]提出,61.3％的网络都在使用第三方检测服务来接收劫持事件报告。但是,单纯的检测服务只是提供了异常事件的相关信息,仅依靠人工纠错或重新配置路由,会带来较大的延时和经济损失。因此网络需要辅助运行缓释系统,以降低异常事件带来的网络损害。

ZHANG Z 等人[130]提出了一个自动的缓释系统 Purging & Promotion。该方案假设存在一个实时准确的检测系统,能够识别受害 AS 和恶意路由。在劫持事件发生前,缓释系统会预先选择一些 AS 作为 Lifesaver AS,用于指导其他 AS 复原被污染的路由,而这些 Lifesaver AS 会从缓释系统接收实时 BGP 信息用于帮助自身决策。当检测到前缀劫持事件发生时,每个 Lifesaver AS 将清除自身的恶意路由,完成 Purging 过程。接着一些被系统选择的 Lifesaver 将作为 Promoter AS 执行新的动作。Promoter AS 会利用 AS_SET 技术缩短有效路由的 AS 路径长度,并向其所有邻居宣告该缩短后的路由,以提高有效路由的优先级,完成 Promotion 过程。

ARTEMIS[76]是一个前缀劫持检测和缓释系统。在检测方面,ARTEMIS 使用了一个包含网络与前缀相关信息的本地配置文件,并将开源 BGP 监控信息和本地 BGP Update 信息作为系统输入,提供检测依据。ARTEMIS 首先将前缀劫持依据不同方面进行了分类,如 Type-N 前缀劫持表示劫持者在距离源 AS 的第 N 跳。在这个分类的基础上,系统针对不同的类型进行执行不同的检测方案。在缓释方面,ARTEMIS 提倡两种缓释方式:

（1）分解被劫持前缀,例如被劫持前缀为 10.0.0.0/23,则可将其分解为 10.0.0.0/24 和 10.0.1.0/24 两个子前缀。由于路由器在选择路由时会优先选择匹配更精确的路由,因此可以实现缓释被劫持流量的功能。

（2）将缓释措施外包给第三方组织,第三方组织通过宣告被劫持前缀,吸引部分被劫持流量,再通过隧道将流量转回给合法 AS。

TowerDefense[131]是一个研究如何为前缀劫持检测系统和缓释系统选择最优部署位置以达到更高的成功率的服务模型。该服务模型采用了一个启发式算法来解决最优位置部署问题。在 TowerDefense 中,检测系统需要部署在受劫持影响的区域内或边缘,并通过比较候选 AS 中的检测覆盖率来进行位置的选择。在缓释上,TowerDefense 考虑两种缓释类型:

① 反射式缓释,被劫持流量通过反射者到达目的地;

② 镜像式缓释,被劫持流量被转移给镜像者,镜像者会模拟目的 AS 功能来回应流量。同样的,缓释位置的选择也会根据缓释覆盖率来决定。

与 TowerDefense 相似,WÜBBELING M 等人[132]建议源 AS(被劫持前缀的拥有者)与第三方 assistant AS 之间利用 IPsec 隧道建立额外的路径来缓释前缀劫持。Assistant AS 通过宣告被劫持 AS,提供一条更短的有效路径到源 AS,吸引被劫持流量,以达到缓释的目的。

LIFEGUARD[133] 是一个基于 BGP poisoning 技术的自动定位和修复路由故障的系统。LIFEGUARD 利用了 BGP 的环路检测机制来向只宣告路由不转发数据包的异常 AS 投毒。首先,LIFEGUARD 通过 PlanetLab 来获取数据层面的监控数据。当发现路由故障后,LIFEGURAD 会隔离故障方向,然后利用探针技术测试在故障方向哪些路径还在继续工作,将这些正常路径移除再进一步进行测量,最后定位故障范围。假设路由故障期间存在替换路径,受影响的源 AS 会沿着故障 AS 创建路由环路,迫使行为异常的 AS 撤销该路由。LIFEGUARD 在不影响正常工作的路由的前提下,通过有选择性地向部分 AS 投毒来避免一些异常 AS 链路的使用,来达到缓释路由故障的目的。

7.2.2 域间路由防御联盟

BGP 路由作为网间互联互通的基本协议,本质上不是一个完全自动化协议,需要大量人工参与操作进行路由决策,而路由策略一定程度上反映了自身的商业策略,对等体之间存在信息沟通的障碍也容易发生严重的错误配置。比如 Google 路由泄露事件,主要原因也是因为路由管理员对接收的路由宣告不敏感造成。此外,由于流量传输过程中可能跨域多个自治系统,每个自治系统封闭而又自治,而自治系统在分配关系上,又归属不同的组织机构,向上又归属不同的国家,域间路由安全问题可能发生在不同的自治域、不同的管理层面上,本质是一个协同处置的问题,而当涉及地缘政治问题时,协同处理难度更加艰难,目前全球范围内缺少协同处理的机制。

彻底防御 BGP 安全问题是困难的。在全球范围内交流信息和分享是最佳做法。2014 年年初,一小部分网络运营商开始研究如何聚集更广泛的运营商社区,以提高全球路由系统的安全性和弹性。2014 年 8 月,路由安全相互商定规范(Mutually Agreed Norms for Routing Security, MANRS)形成[34],并开放了 MANRS 网站。MANRS 是由网络运营商社区的成员创建的,互联网协会以托管本网站、提供电子邮件列表和互联网协会工作人员参与的形式提供支持。主要从四个维度提供域间路由的协同防御。

(1)过滤:确保用户的路由公告是正确,停止错误的路由公告在互联网传播。

(2)启用源地址验证防止欺骗数据包进入或离开源头的网络。

(3)协调:维护全球可访问的联系信息在共同的地方,如 PeeringDB、RIR WHOIS 数据库以及用户自己的网站。

（4）验证：发布自有数据，包括自有路由策略和源的前缀，以便第三方可以验证路由信息。

域间路由协议是一种典型的分布式协议，完全防御所有安全漏洞的理想安全协议是一个拜占庭容错协议，在庞大的互联网范围内实现并不现实。互联网开放而又自治，针对域间路由联邦网间路由拓扑复杂、防御联盟难划分等问题，本章提出新型自治域分类方法，构建新型的多级共存的、层次化的网间信任联盟体系结构，建立信任联盟通信交互模型、安全防护框架以及激励模型，实现混合模式部署场景下的协同防御。层次化的路由防御技术路线如图 7.7 所示。

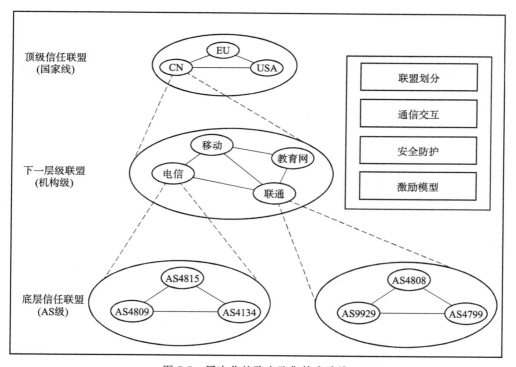

图 7.7　层次化的路由防御技术路线

本路线采用一种基于轻量级自治域端到自治域端的加密认证机制，通过自下而上的分层，将部署了本方法的所有自治域划分为多层级信任联盟，每一层级联盟可以作为成员（抽象为一个系统整体）参加更高层级的联盟，使得整个信任联盟系统构成一种具有源地址验证功能的、层次化的体系结构。首先以 AS 为单位成员，将部署本方法的所有 AS 按照相同属性聚合成多个最低层级信任联盟，然后再以这些最低层级信任联盟为单位成员，依据一定的划分原则（按照组织结构、按照国家关系）聚合成更高层级的信任联盟，由此自下而上地不断以同一层级的信任联盟为单位嵌套式聚合,直至形成一个最高层级的信任联盟。该路线不依赖自治域间的邻接关系,部署验证机制的各个自治域相互独立,允许各域依据实际情况(隶属关系、自身策略、网络结构和经济、政治、军事利益)灵活构建多层级的信任联盟。本路线在规模较大的层次化信任联盟体系结构中仍能保证验证的简单、轻权、有效,具备"先部署先受益"的激励机制,可以实现增量部署。

7.3 自治域间源地址验证

网间路由因缺乏地址资源的位置和身份的可信验证,面临路由寻址与源地址伪造两大重要的网络安全隐患。源地址安全隐患是指域间源地址伪造,由于任何自治域所持有的地址可被其他自治域内的用户作为源地址使用,仿冒的源地址增加了网络安全软件对流量来源识别的难度,也容易被攻击者利用发起的分布式拒绝服务攻击[134],自治域间的源地址验证问题是必须应对和解决的关键挑战之一。

7.3.1 路由分级过滤

源地址伪造产生的直接后果是增加被攻击者的防御难度。路由过滤技术是进行源地址伪造最有效的防御手段。自治域间的源地址验证通过不同自治域的相互协作协同,在流量转发路径中根据流量来源和路由策略进行过滤,具备最粗的过滤粒度,部署代价更小、可扩展性更好,在分布式的互联网结构中更具部署激励和现实意义。

域间路由的传播路径与流量回传端口具有一定映射关系,当伪造源地址的数据报文从非法的路由端口进入时,路由器可进行真伪性验证以过滤伪造报文。基于路由前缀和 AS 映射关系以及端口转发映射关系,对各个路由器的各转发端口建立合法源地址绑定列表,并对转发过程中接收到的绑定列表范围之外的源地址报文判伪并丢弃。基于号码资源验证的路由分级过滤机制的技术路线如图 7.8所示。

通过将端自治系统和穿越自治系统进行区分,合理地设计穿越自治系统之间、端自治系统和穿越自治系统之间的路由策略,建立分级路由过滤机制。通过互联网号码资源、路由表历史信息以及 RPKI 认证关系,可以获取 AS 号和 IP 前缀的对应关系,因此每个自治系统可以获取 IP 前缀粒度的过滤表,并下发至穿越自治系统和端自治系统。然后各自治系统根据过滤表进行流量过滤。具体流程如下:集

中式和分布式自治系统联盟内部先将本联盟内部的 AS 号与 IP 前缀关系建立过
滤表;然后分别获取另一联盟中的 AS 号与 IP 前缀对应关系并建立过滤表;穿越
自治系统和端自治系统根据过滤表过滤伪造源地址流量。

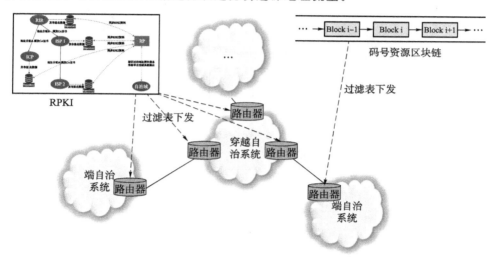

图 7.8　基于号码资源验证的路由分级过滤机制的技术路线

7.3.2　追溯审计技术

基于真实地址的用户追溯审计机制通过在 IP 地址中携带用户身份信息,实现
对用户的追溯审计。IPv6 地址 128 位的长度为位置语义嵌入提供了基础。首先
用户在认证成功并接入网络后,网络为其分配嵌入其身份语义的 IP 地址,通过接
入网源地址验证技术,实现流出网间的地址都是真实可靠的。由于源地址验证技
术保证了 IP 地址的真实性,因此可以从 IP 地址中获取用户身份信息。

在自治域间对 IP 地址追溯审计其真实用户身份时,可以采用如下流程(如
图 7.9 所示):首先,一个授权实体向中央的追溯审计服务发送 IP 地址对应的用户
的身份查询请求,然后,中央追溯审计服务查询 IP 地址对应的 AS,并向该 AS 转
发身份查询请求;当该 AS 收到查询请求后,验证请求的合法性,并将对用户身份
信息作为查询结果返回;中央追溯审计服务收到返回结果后将转发至查询实体。
至此,该授权实体能够追溯审计到 IP 地址对应的用户身份信息。在整个流程中,
传输的消息需要进行加密保护,防止攻击者窃取信息。同时,授权实体、追溯审计
服务、身份管理服务之间的交互首先需要进行双向身份认证,防止可能的攻击,保
证用户身份信息不被泄露。

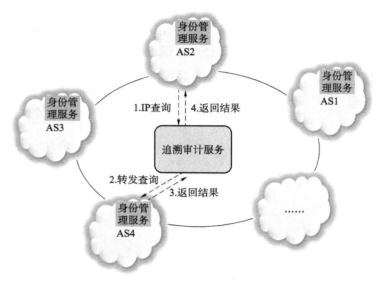

图 7.9　域间源地址追溯审计

7.3.3　真实源地址验证体系

　　针对开放互联网体系结构源地址缺乏可信保障的全球重大技术难题,清华大学提出了基于 IPv6 协议的下一代互联网真实源地址验证体系结构(Source Address Validation Architecture,SAVA),支持互联网真实源地址的精确定位和地址溯源[135,136]。SAVA 体系结构属于国际首创,拥有四大创新点:一是提出分而治之、端网协同的下一代互联网真实源地址验证体系结构 SAVA;二是提出地址同步、多模异构的真实源地址接入验证方法 SAVA -A(Access);三是提出路由同步、动态过滤的真实源地址域内前缀验证方法 SAVA -P(Prefix);四是提出多域同步、协作信任的真实源地址域间验证方法 SAVA -X(eXternal),SAVA 体系结构如图 7.10 所示。

　　SAVA 将源地址安全防御划分为 3 个层次:接入子网、自治域内、自治域间,各个层次呈现互不重叠的松耦合防御形式,共同建立成为完整的源地址验证体系[134]。SAVA 产生了重要的国内外学术影响,提高了我国在互联网核心技术标准制定上的话语权,基于对 SAVA 的研究,清华大学团队发表重要学术论文 92 篇,获授权国家发明专利 40 项,美国发明专利 2 项,并完成 IETF 国际互联网标准 RFC 7 项及中国通信标准化协会标准 11 项。SAVA 应用于华为、新华三、中兴、锐捷、神州数码等公司的五十余种型号产品中,且在 CERNET2 主干网、高校 IPv6 校园网、中科院 IPv6 网络、中国电信 IPv6 试验网、CNCERT IPv6 试验网中得到规模化部署。

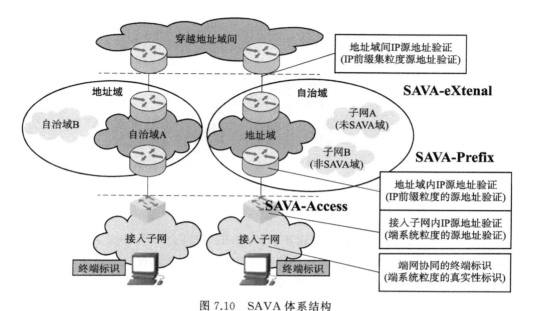

图 7.10   SAVA 体系结构

第8章
结　束　语

　　没有边界网关协议，就没有现代互联网。BGP 在过去 30 年中发展成为连接世界的关键协议。作为当前域间路由协议的事实标准，BGP 协议控制着域间流量转发路径，是互联网的中枢神经系统，对整个互联网的稳定性和可靠性起着至关重要的作用。然而由于 BGP 在设计初期并未过多考虑安全问题，域间路由因缺乏地址资源的位置和身份的可信验证，面临路由寻址与源地址伪造两大重要的网络安全隐患。

　　带有破坏性的路由安全事件会造成网络可用带宽变小、网络延时变大以及应用服务访问中断，影响网络和应用服务的性能，严重的事件可能造成国家能源、银行、交通运输、国防工业及国家重要基础设施等方面的网络服务不可达，严重影响社会经济和人民生活正常运行。路径变化也会危机国家网络安全，网络流量中包含大量敏感信息，揭示网络运营者的竞争策略、商业秘密甚至国家机密等，恶意攻击者可从中实现大规模窃听、身份欺骗甚至选择性内容修改，且执行这样的攻击不用访问或接近受影响的网络，甚至这种攻击不会使受害者的网络通信产生中断，可持续较长时间而不被受害者发现。此外，由于自治域管理封闭而自治，网间路由的错误配置也可能被其他自治域甚至国家机构误认为路由攻击，造成负面的国际影响，所以需要有效降低此类事件发生的概率，树立稳定的国家路由安全形象。域间路由作为网络空间的基础设施，在和平年代，对互联网应用服务稳定运行发挥着重要作用。而在网络战争时期，作为攻击的手段，其威力远超常规的网络攻击，是名副其实的"网络核弹"，是断网的主要手段之一，需要降低此类攻击的风险。

　　本书重点介绍了域间路由寻址方面的安全监测和防御技术。系统化地介绍了边界网关协议的基本原理和互联网域间路由安全面临的风险和挑战。然后梳理了互联网域间路由安全监测关键技术,最后着重介绍了互联网域间路由知识谱系和构建方法、互联网域间路由异常的检测方法以及互联网域间路由安全防御技术。

互联网已日益成为一个"网络命运共同体",面对域间路由安全的挑战,全球互联网社区重要成员应积极参与国际互联网安全治理,深化与国际互联网社群合作,共同促进互联网的持续包容、开放和安全稳定运行。

参 考 文 献

[1] HAWKINSON J, BATES T. RFC1930: Guidelines for creation, selection, and registration of an Autonomous System (AS)[J], 1996.

[2] REKHTER Y, LI T, HARES S. A border gateway protocol 4 (BGP-4)[R], 2006.

[3] HINDEN R M, SHELTZER A. RFC0823: DARPA Internet gateway[J], 1982.

[4] ROSEN E C. Exterior gateway protocol (EGP)[R], 1982.

[5] MILLS D L. Exterior gateway protocol formal specification[R], 1984.

[6] HEDRICK C L. RFC1058: Routing information protocol[R], 1988.

[7] LOUGHEED K, REKHTER Y. RFC1105: Border Gateway Protocol (BGP)[J], 1989.

[8] LOUGHEED K, REKHTER Y. A Border Gatelvay Protocol (BGP)[R], RFC-1163 June, 1990.

[9] LOUGHEED K, REKHTER Y. RFC1267: Border Gateway Protocol 3 (BGP-3)[J], 1991.

[10] REKHTER Y, LI T. A Border Gateway Protocol 4 (BGP-4) RFC 1654[J], 1994.

[11] REKHTER Y, LI T. A border gateway protocol 4 (bgp-4), 1995[J]. RFC1771, 1771.

[12] CHANDRA R, TRAINA P, LI T. RFC1997: BGP Communities Attribute[J], 1996.

[13] BATES T, CHANDRA R, KATZ D, et al. RFC2283: Multiprotocol Extensions for BGP-4[J], 1998.

[14] HEFFERNAN A. RFC2385: Protection of BGP Sessions via the TCP MD5 Signature Option[J], 1998.

[15] VILLAMIZAR C, CHANDRA R, GOVINDAN R. BGP route flap damping[R], 1998.

[16] CHEN E.Route refresh capability for BGP-4[R],2000.

[17] 苏嘉,张绍宸.互联网网络架构呈现云网融合趋势,人民邮电,中国信息通信研究院,2017-11-9.

[18] LABOVITZ C,IEKEL-JOHNSON S,MCPHERSON D,et al.Internet inter-domain traffic[J].ACM SIGCOMM Computer Communication Review,2010,40(4):75-86.

[19] NORDSTRÖM O,DOVROLIS C.Beware of BGP attacks[J].ACM SIGCOMM Computer Communication Review,2004,34(2):1-8.

[20] BUTLER K,FARLEY T R,MCDANIEL P,et al.A survey of BGP security issues and solutions[J].Proceedings of the IEEE,2009,98(1):100-122.

[21] NICHOLES M O,MUKHERJEE B.A survey of security techniques for the border gateway protocol (BGP)[J].IEEE communications surveys & tutorials,2009,11(1):52-65.

[22] 向阳.互联网域间路由前缀劫持监测与防御研究[D].北京:清华大学,2013.

[23] RIPE NCC RIS.YouTube Hijacking:A RIPE NCC RIS case study[EB/OL].(2008-5-17)[2023-6-12].https://www.ripe.net/publications/news/industry-developments/youtube-hijacking-a-ripe-ncc-ris-case-study.

[24] SIDDIQUI A.What Happened? The Amazon Route 53 BGP Hijack to Take Over Ethereum Cryptocurrency Wallets[EB/OL],2018-4-27.[2023-06-12].https://www.internetsociety.org/blog/2018/04/amazons-route-53-bgp-hijack/.

[25] SRIRAM K,MONTGOMERY D,MCPHERSON D,et al.Problem definition and classification of BGP route leaks[R],2016.

[26] ROBACHEVSKY A.Google leaked prefixes and knocked Japan off the Internet[EB/OL].(2017-04-28)[2023-6-12].https://www.internetsociety.org/blog/2017/08/google-leaked-prefixes-knocked-japan-off-internet/.

[27] 张沛,黄小红,张绍峰,等.Facebook 服务中断事件回溯分析与思考[EB/OL].(2021-10-10)[2023-6-13].https://www.secrss.com/articles/34985.

[28] BO-EUN K.KT to pay W40 bil.in compensation for network outage[EB/OL].(2021-11-1)[2023-6-12].https://www.koreatimes.co.kr/www/tech/2023/05/129_318025.html.

[29] BUSH R,AUSTEIN R.The resource public key infrastructure (RPKI) to router protocol[R],2013.

[30] MOHAPATRA P,SCUDDER J,WARD D,et al.BGP prefix origin validation[R],2013.

[31] KENT S,LYNN C,SEO K.Secure border gateway protocol (S-BGP)[J]. IEEE Journal on Selected areas in Communications,2000,18(4):582-592.

[32] 邹慧,李彦彪,于晨晖,等.基于行为透明性的 RPKI 撤销检测机制[J].数据与计算发展前沿,2022:1-20.

[33] Charter of the IETF Secure Inter-Domain Routing Working Group.http://tools.ietf.org/wg/ sidr/charters,2013.

[34] https://www.manrs.org/.

[35] Autonomous system (Internet)[EB/OL].(2023-4-17)[2023-6-13]. https://en.wikipedia.org/wiki/Autonomous_system_(Internet).

[36] IMPROTA A,SANI L.How BGP Routing Really Works[EB/OL].(2019-10-24)[2023-6-12].https://www.catchpoint.com/blog/bgp-routing.

[37] BLUNK L,KARIR M,LABOVITZ C.Multi-threaded routing toolkit (MRT) routing information export format[R],2011.

[38] MANDERSON T.Multi-threaded routing toolkit (MRT) border gateway protocol (BGP) routing information export format with geo-location extensions[R],2011.

[39] PETRIE C, KING T. Multi-Threaded Routing Toolkit (MRT) routing information export format with BGP additional path extensions[R].2017.

[40] LABOVITZ, C., "MRT Programmer's Guide", November 1999, http://www.merit.edu/networkresearch/mrtprogrammer.pdf.

[41] bgpdump[EB/OL].(2020-09-20)[2023-06-13].https://github.com/RIPE-NCC/bgpdump.

[42] DAINOTTI A, KING A, ORSINI C, et al.BGPStream:a framework for BGP data analysis[J],2015.

[43] OLSCHANOWSKY C,MASSEY D.BGPmon v7:A Scalable Real-time BGP Monitor[J].

[44] SCUDDER J,FERNANDO R,STUART S.Bgp monitoring protocol (bmp)[R]. 2016.

[45] https://www.openbmp.org/.

[46] Routing Information Service(RIS).https://www.ripe.net/analyse/internet-measurements/routing-information-service-ris.

[47] Routing Information Service Live.https://ris-live.ripe.net/.

[48] https://www.routeviews.org/routeviews/.

[49] BGPStream.https://bgpstream.caida.org/.

［50］ 阳乾宇.基于多视角的域间路由不稳定事件源定位系统的设计与实现［D］. 北京邮电大学,2020.

［51］ SRIRAM K,MONTGOMERY D,MCPHERSON D,et al.Problem definition and classification of BGP route leaks［R］,2016.

［52］ BGP Toolkit.https://bgp.he.net/.

［53］ BGP Routing Table Analysis Reports.https://bgp.potaroo.net/.

［54］ BGPmon.https://bgpstream.crosswork.cisco.com/.

［55］ https://www.nro.net/about/rirs/internet-number-resources/.

［56］ https://www.iana.org/

［57］ https://www.icann.org/

［58］ https://www.apnic.net/manage-ip/using-whois/updating-whois/network-assignments/.

［59］ ALAETTINOGLU C,VILLAMIZAR C,GERICH E,et al.Routing policy specification language (RPSL)［R］,1999.

［60］ WHIPPLE S. "The SWIP Template Tutorial," ARIN VII,April 2001. https://www.arin.net/vault/participate/meetings/reports/ARIN _ VII/ PDF/tu torials/swip_arin.pdf.

［61］ DAIGLE L.WHOIS protocol specification［R］,2004.

［62］ 刘志豪.基于 IP 地址的网站应用服务属性标定的研究与实现［D］.北京:北京邮电大学,2020.

［63］ GAO L.On inferring autonomous system relationships in the Internet［J］. IEEE/ACM Transactions on networking,2001,9(6):733-745.

［64］ SUBRAMANIAN L,AGARWAL S,REXFORD J,et al.Characterizing the Internet hierarchy from multiple vantage points［C］//Proceedings.Twenty-First Annual Joint Conference of the IEEE Computer and Communications Societies.IEEE,2002,2:618-627.

［65］ DI BATTISTA G,PATRIGNANI M,PIZZONIA M.Computing the types of the relationships between autonomous systems［C］//IEEE INFOCOM 2003.Twenty-second Annual Joint Conference of the IEEE Computer and Communications Societies (IEEE Cat.No.03CH37428).IEEE,2003,1:156-165.

［66］ DIMITROPOULOS X,KRIOUKOV D,FOMENKOV M,et al.AS relationships:Inference and validation［J］.ACM SIGCOMM Computer Communication Review,2007,37(1):29-40.

[67] LUCKIE M，HUFFAKER B，DHAMDHERE A，et al. AS relationships，customer cones，and validation[C]//Proceedings of the 2013 conference on Internet measurement conference.2013：243-256.

[68] JIN Y，SCOTT C，DHAMDHERE A，et al.Stable and Practical AS Relationship Inference with ProbLink[C]//NSDI.2019，19：581-598.

[69] 严欢.基于知识图谱的自治域组织机构映射系统的设计与实现[D].北京：北京邮电大学，2021.

[70] CAI X，HEIDEMANN J，KRISHNAMURTHY B，et al.Towards an AS-to-organization Map [C]//Proceedings of the 10th ACM SIGCOMM conference on Internet measurement.2010：199-205.

[71] CARISIMO E，GAMERO-GARRIDO A，SNOEREN A C，et al.Identifying ases of state-owned internet operators [C]//Proceedings of the 21st ACM Internet Measurement Conference.2021：687-702.

[72] ZIV M，IZHIKEVICH L，RUTH K，et al.ASdb：a system for classifying owners of autonomous systems [C]//Proceedings of the 21st ACM Internet Measurement Conference.2021：703-719.

[73] https：//asrank.caida.org/.

[74] https：//www.circl.lu/projects/bgpranking/.

[75] 王子昊.AS 自治域知识图谱的构建与展示[D].北京：北京邮电大学，2020.

[76] SERMPEZIS P，KOTRONIS V，GIGIS P，et al. ARTEMIS：Neutralizing BGP hijacking within a minute[J].IEEE/ACM Transactions on Networking，2018，26（6）：2471-2486.

[77] CHO S，FONTUGNE R，CHO K，et al.BGP hijacking classification[C]//2019 Network Traffic Measurement and Analysis Conference（TMA）.IEEE，2019：25-32.

[78] MARTIN A. BROWN. Pakistan hijacks YouTube[EB/OL].（2008-2-24）[2023-5-31]. https：//crysp. uwaterloo. ca/courses/cs458/F08-lectures/local/www.renesys.com/blog/2008/02/pakistan_hijacks_youtube_1.shtml.html.

[79] NAIK A.Anatomy of a BGP Hijack on Amazon's Route 53 DNS Service [EB/OL].（2018-5-25）[2023-5-31].

[80] MEDINA A. Why Rostelecom's Route Hijack Highlights the Need for BGP Security[EB/OL].（2020-4-2）[2023-5-31]. https://www. thousandeyes. com/blog/rostelecom-route-hijack-highlights-bgp-security.

［81］ LAD M,MASSEY D,PEI D,et al.PHAS:A Prefix Hijack Alert System ［C］//USENIX Security symposium.2006,1(2):3.

［82］ CHI Y J,OLIVEIRA R,ZHANG L.Cyclops:the AS-level connectivity observatory［J］. ACM SIGCOMM Computer Communication Review, 2008,38(5):5-16.

［83］ ZHANG Z,ZHANG Y,HU Y C,et al.iSPY:Detecting IP prefix hijacking on my own［C］//Proceedings of the ACM SIGCOMM 2008 conference on Data Communication.2008:327-338.

［84］ ZHENG C, JI L, PEI D, et al. A light-weight distributed scheme for detecting IP prefix hijacks in real-time［J］.ACM SIGCOMM Computer Communication Review,2007,37(4):277-288.

［85］ HU X,MAO Z M.Accurate real-time identification of IP prefix hijacking［C］// 2007 IEEE Symposium on Security and Privacy (SP07).IEEE,2007:3-17.

［86］ SHI X, XIANG Y, WANG Z, et al. Detecting prefix hijackings in the internet with argus［C］//Proceedings of the 2012 Internet Measurement Conference.2012:15-28.

［87］ SCHLAMP J, HOLZ R, JACQUEMART Q, et al. HEAP: reliable assessment of BGP hijacking attacks［J］.IEEE Journal on Selected Areas in Communications,2016,34(6):1849-1861.

［88］ QIN L, LI D, LI R, et al. Themis: Accelerating the Detection of Route Origin Hijacking by Distinguishing Legitimate and Illegitimate {MOAS} ［C］//31st USENIX Security Symposium (USENIX Security 22).2022: 4509-4524.

［89］ 徐鹏举.基于多重过滤的 BGP 劫持事件监测系统设计与实现[D].北京:北京邮电大学,2022.

［90］ ZHANG M W,GIOTSAS V,MARTINHO C.How we detect route leaks and our new Cloudflare Radar route leak service［EB/OL］.(2022-11-24) ［2023-6-12］.https://blog.cloudflare.com/zh-cn/route-leak-detection-with-cloudflare-radar/.

［91］ HUSTON G, "Leaking Routes", Asia Pacific Network Information Centre (APNIC) Blog,March 2012,<http://labs.apnic.net/blabs/? p=139/>.

［92］ SIDDIQUI M S,MONTERO D,Serral-Gracià R,et al.Self-reliant detection of route leaks in inter-domain routing［J］.Computer Networks,2015,82: 135-155.

[93] M. JARED. BGP routing leak detection system[EB/OL]. https://puck. nether.net/bgp/leakinfo.cgi,2014.

[94] 郭毅,段海新,张连成,邱菡.基于特征融合相似度的域间路由系统安全威胁感知方法[J].中国科学:信息科学,2017,47(7):878-890.

[95] 刘仰斌.一种域间路由泄露的实时检测机制的研究与实现[D].北京邮电大学,2021.

[96] MAI J,YUAN L,CHUAH C N.Detecting BGP anomalies with wavelet [C]//NOMS 2008-2008 IEEE Network Operations and Management Symposium.IEEE,2008:465-472.

[97] XU K,CHANDRASHEKAR J,ZHANG Z L.Principal component analysis of BGP update streams[J].Journal of Communications and Networks, 2010,12(2):191-197.

[98] KITABA TAKE T,FONTUGNE R,ESAKI H.BLT:a taxonomy and classification tool for mining BGP update messages[C]//IEEE INFOCOM 2018-IEEE Conference on Computer Communications Workshops (INFOCOM WKSHPS).IEEE,2018:409-414.

[99] MORIANO P,HILL R,CAMP L J.Using bursty announcements for detecting BGP routing anomalies[J].Computer Networks,2021,188: 107835.

[100] ZHANG M,LI J,BROOKS S.I-seismograph:Observing,measuring,and analyzing internet earthquakes [J]. IEEE/ACM Transactions on networking,2017,25(6):3411-3426.

[101] CHENG M,LI Q,LV J,et al.Multi-scale LSTM model for BGP anomaly classification[J].IEEE Transactions on Services Computing,2018,14(3): 765-778.

[102] KARIMI M,JAHANSHAHI A,MAZLOUMI A,et al.Border gateway protocol anomaly detection using neural network [C]//2019 IEEE International Conference on Big Data (Big Data).IEEE,2019:6092-6094.

[103] MCGL YNN K,ACHARYA H B,KWON M.Detecting BGP route anomalies with deep learning [C]//IEEE INFOCOM 2019-IEEE Conference on Computer Communications Workshops (INFOCOM WKSHPS).IEEE,2019:1039-1040.

[104] SANCHEZ O R,FERLIN S,PELSSER C,et al.Comparing machine learning algorithms for BGP anomaly detection using graph features

[C]//Proceedings of the 3rd ACM CoNEXT Workshop on Big DAta, Machine Learning and Artificial Intelligence for Data Communication Networks.2019:35-41.

[105] XU M, LI X. BGP anomaly detection based on automatic feature extraction by neural network〔C〕//2020 IEEE 5th Information Technology and Mechatronics Engineering Conference (ITOEC).IEEE, 2020:46-50.

[106] HOARAU K,TOURNOUX P U,RAZAFINDRALAMBO T.Suitability of graph representation for bgp anomaly detection〔C〕//2021 IEEE 46th Conference on Local Computer Networks (LCN).IEEE,2021:305-310.

[107] COMARELA G,CROVELLA M.Identifying and analyzing high impact routing events with PathMiner〔C〕//Proceedings of the 2014 Conference on Internet Measurement Conference.2014:421-434.

[108] JAVED U,CUNHA I,CHOFFNES D,et al.PoiRoot:Investigating the root cause of interdomain path changes〔J〕.ACM SIGCOMM Computer Communication Review,2013,43(4):183-194.

[109] DAINOTTI A,SQUARCELLA C,ABEN E,et al.Analysis of country-wide internet outages caused by censorship〔C〕//Proceedings of the 2011 ACM SIGCOMM conference on Internet measurement conference.2011: 1-18.

[110] GIOTSAS V,DIETZEL C,SMARAGDAKIS G,et al.Detecting peering infrastructure outages in the wild〔C〕//Proceedings of the conference of the ACM special interest group on data communication.2017:446-459.

[111] RICHTER P,PADMANABHAN R,SPRING N,et al.Advancing the art of internet edge outage detection〔C〕//Proceedings of the Internet Measurement Conference 2018.2018:350-363.

[112] RETANA A.Secure Origin BGP (soBGP)〔C〕//NANOG28 Meeting, 2003.

[113] WAN T,KRANAKIS E,OORSCHOT P C V.Pretty Secure BGP,psBGP. 〔C〕//Proceedings of the Network and Distributed System Security Symposium,NDSS 2005,San Diego,California,USA.DBLP,2005.

[114] 胡湘江,朱培栋,龚正虎.SE-BGP:一种 BGP 安全机制〔J〕.软件学报,2008, 19(1):167-176.

[115] LEPINSKI M,SRIRAM K.BGPSEC protocol specification〔R〕,2017.

[116] COHEN A,GILAD Y,HERZBERG A,et al.Jumpstarting BGP security with path-end validation[C]//Proceedings of the 2016 ACM SIGCOMM Conference.2016:342-355.

[117] AZIMOV A,BOGOMAZOV E,BUSH R,et al.RFC 9234 Route Leak Prevention and Detection Using Roles in UPDATE and OPEN Messages [J],2022.

[118] JIN J.BGP Route Leak Prevention Based on BGPsec[C]//2018 IEEE 88th Vehicular Technology Conference (VTC-Fall).IEEE,2018:1-6.

[119] GU Y,CHEN H,MA D,et al.BMP for BGP Route Leak Detection[R]. Internet Draft, https://tools. ietf. org/html/draft-gu-grow-bmp-route-leak-detection-04,2020.

[120] SRIRAM K, MONTGOMERY D, DICKSON B, et al. Methods for detection and mitigation of bgp route leaks[J].draft-ietf-idr-route-leak-detection-mitigation-06,2017.

[121] ZHAO B Z H,IKRAM M,ASGHAR H J,et al.A decade of mal-activity reporting:A retrospective analysis of internet malicious activity blacklists [C]//Proceedings of the 2019 ACM Asia Conference on Computer and Communications Security.2019:193-205.

[122] KALAFUT A J, SHUE C A, GUPTA M. Malicious hubs: detecting abnormally malicious autonomous systems[C]//2010 Proceedings IEEE INFOCOM.IEEE,2010:1-5.

[123] SHUE C A, KALAFUT A J, GUPTA M. Abnormally malicious autonomous systems and their internet connectivity [J]. IEEE/ACM Transactions on Networking,2011,20(1):220-230.

[124] KONTE M,PERDISCI R,FEAMSTER N.Aswatch:An as reputation system to expose bulletproof hosting ases[C]//Proceedings of the 2015 ACM Conference on Special Interest Group on Data Communication, 2015:625-638.

[125] ALRWAIS S, LIAO X, MI X, et al. Under the shadow of sunshine: Understanding and detecting bulletproof hosting on legitimate service provider networks[C]//2017 IEEE Symposium on Security and Privacy (SP).IEEE,2017:805-823.

[126] GONCHAROV M. Criminal hideouts for lease: Bulletproof hosting services [J]. Forward-Looking Threat Research (FTR) Team, A TrendLabsSM Research Paper,2015,28.

[127] TESTART C, RICHTER P, KING A, et al. Profiling BGP serial hijackers: capturing persistent misbehavior in the global routing table [C]//Proceedings of the Internet Measurement Conference, 2019: 420-434.

[128] ALKADI O S, MOUSTAFA N, TURNBULL B, et al. An ontological graph identification method for improving localization of ip prefix hijacking in network systems [J]. IEEE Transactions on Information Forensics and Security, 2019, 15:1164-1174.

[129] SERMPEZIS P, KOTRONIS V, DAINOTTI A, et al. A survey among network operators on BGP prefix hijacking [J]. ACM SIGCOMM Computer Communication Review, 2018, 48(1):64-69.

[130] ZHANG Z, ZHANG Y, HU Y C, et al. Practical defenses against BGP prefix hijacking[C]//Proceedings of the 2007 ACM CoNEXT conference, 2007:1-12.

[131] QIU T, JI L, PEI D, et al. Towerdefense: Deployment strategies for battling against ip prefix hijacking [C]//The 18th IEEE International Conference on Network Protocols.IEEE, 2010:134-143.

[132] WÜBBELING M, MEIER M. Reclaim your prefix: mitigation of prefix hijacking using IPsec tunnels[C]//2017 IEEE 42nd Conference on Local Computer Networks (LCN).IEEE, 2017:330-338.

[133] KATZ-BASSETT E, SCOTT C, CHOFFNES D R, et al. LIFEGUARD: Practical repair of persistent route failures [J]. ACM SIGCOMM Computer Communication Review, 2012, 42(4):395-406.

[134] 贾溢豪,任罡,刘莹.互联网自治域间 IP 源地址验证技术综述[J].软件学报,2018,29(1):20.DOI:10.13328/j.cnki.jos.005318.

[135] Wu J, Bi J, Li X.A source address validation architecture (SAVA) testbed and deployment experience.RFC 5210, 2008.https://datatracker.ietf.org/doc/rfc5210/.

[136] 下一代互联网关键核心技术 SAVA 获重大奖项, https://www.edu.cn/xxh/yc/202105/t20210514_2109138.shtml.